粤港澳大湾区大气污染与
人群健康效应的时空分析研究

夏小琳　姚　凌　刘杨晓月　荆文龙　著

气象出版社
China Meteorological Press

内 容 简 介

在介绍相关研究背景与意义、国内外研究现状、相关理论方法的基础上，本书以大气污染与城市人群的暴露-反应关系为主题，以深圳市为案例区，运用地理空间分析方法与统计分析模型，从不同尺度上挖掘了城市大气污染与人群健康效应的时空分布格局，包括城市主要大气污染物的时空格局分析、大气污染物与气象条件的关联分析、呼吸道疾病的时空统计分析以及大气污染对呼吸道健康影响效应的时空分析，最后总结了深圳市主要大气污染物对不同人群呼吸健康的影响特点，并说明了研究存在的局限性。

本书可供资源、环境、地理、气象、医学等相关专业的科研和管理人员参考阅读。

图书在版编目（ＣＩＰ）数据

粤港澳大湾区大气污染与人群健康效应的时空分析研究 / 夏小琳等著. -- 北京 ： 气象出版社，2022.1
ISBN 978-7-5029-7497-8

Ⅰ．①粤… Ⅱ．①夏… Ⅲ．①城市群－空气污染－关系－居民－健康－研究－广东、香港、澳门 Ⅳ．①X51 ②R195

中国版本图书馆CIP数据核字(2022)第006169号

Yuegang'ao Dawanqu Daqi Wuran Yu Renqun Jiankang Xiaoying De Shikong Fenxi Yanjiu
粤港澳大湾区大气污染与人群健康效应的时空分析研究
夏小琳　　姚　凌　　刘杨晓月　　荆文龙　著

出版发行：气象出版社
地　　址：北京市海淀区中关村南大街 46 号　**邮政编码**：100081
电　　话：010-68407112(总编室)　010-68408042(发行部)
网　　址：http://www.qxcbs.com　　　**E - m a i l**：qxcbs@cma.gov.cn
责任编辑：蔺学东　王　聪　　　　　　**终　　审**：吴晓鹏
责任校对：张硕杰　　　　　　　　　　**责任技编**：赵相宁
封面设计：楠竹文化
印　　刷：北京地大彩印有限公司
开　　本：710 mm×1000 mm　1/16　　**印　　张**：7
字　　数：185 千字
版　　次：2022 年 1 月第 1 版　　　　 **印　　次**：2022 年 1 月第 1 次印刷
定　　价：60.00 元

前　言

大气污染作为人类社会与经济发展的副产物已成为全球性的环境问题,备受各国政府以及国内外学者的关注。同时,近几年来频繁出现的霾天气也渐渐引起了公众对大气环境污染问题的关注。20 世纪 70 年代以来,世界各地学者纷纷开展了大气污染及其与人类健康关系的相关研究并取得显著的成果,研究领域涉及医学、生物学、毒理学、气象学、地理学等学科,综合多领域对环境与人体健康的潜在关系进行挖掘。

然而,在国内关于大气污染对公众健康效应的研究多集中在污染较严重的城市或地区,对污染程度较低的城市鲜有研究。深圳市位于粤港澳大湾区的南端,北部与内陆接壤,南部临海,属于亚热带季风气候。由于其特殊的地理位置和气候条件,深圳市的城市大气环境质量一直保持在国内城市排名的前端。然而近几年来,随着珠江三角洲地区经济社会的快速发展,深圳市的大气环境质量逐渐下滑,因此,了解深圳市大气污染状况以及探究大气污染对深圳市居民的健康效应具有重要的科学及现实意义。

目前,评价大气环境对人类健康影响的手段主要是时间序列分析,建立多元回归分析模型,将气象等多方面信息作为辅助因素加入分析过程。时间序列分析方法固然对于理解大气环境与人群健康之间的关系较为有效,但尚未充分利用空间信息。本书在使用传统时间序列分析模型的基础上,进一步通过借助地理空间分析技术将污染物浓度与人群健康数据在空间与时间上进行统一结合,从更小的区域单位上进行统计,为研究污染物对人群健康效应的时空影响格局提供了精确的数据支持。

通过对深圳市大气污染物时空分布与人类健康效应的研究,一方面,可以了解到深圳市大气环境的整体状况、污染物构成、重点污染区域等信息;另一方面,可以更好地理解低污染地区大气污染与人类健康效应的关系以及不同大气污染物对不同人群的影响特点,为粤港澳大湾区大气污染与人类健康效应的相关研究提供典型的案例支持。全书分为以下 6 章。

第 1 章　绪论。首先介绍了研究背景,即大气污染问题的严峻及危害;然后从大气环境质量评价、大气污染物的时空模拟以及大气污染与人体健康效应 3 个方面介绍了目前的研究现状;最后论述了开展研究的目的与意义。

第 2 章　数据的获取与处理。本章介绍了研究中主要数据的获取与处理方法,包括大气污染物数据、呼吸道疾病住院病例数据、人口与气象等辅助数据,以及多种数据的最终整合。

第3章 深圳市大气污染物的时空格局分析。本章是关于深圳市大气污染物时空分布特征的研究,包括大气污染情况以及空气质量评价、大气污染物的空间分布特征、空间自相关分析、区域污染物构成、功能区污染水平评估,以及与气象条件的关联分析。

第4章 深圳市呼吸道疾病的时空统计分析。本章介绍了深圳市呼吸道疾病住院病例的时空分布格局,包括呼吸道疾病住院病例的年统计特征、泰森多边形分区法以及分区后各区的病例统计特征。

第5章 深圳市大气污染物对呼吸道疾病影响效应的时空分析。本章是关于深圳市大气污染物与人群健康效应的分析研究,首先介绍了大气污染物对呼吸道健康的影响机理;其次介绍了用于分析大气污染与呼吸道健康效应的模型方法,包括模型的基本原理、建立与参数的选择;最后分别从单日滞后效应、累积滞后效应、多污染物混杂效应、不同患病群体以及高浓度阈值等不同方面开展回归分析研究,并对研究结果进行了讨论与总结。

第6章 结论与展望。对本研究进行总结,包括研究结论、创新点以及研究的不足与展望。

本书在研究与撰写过程中的作者分工如下:

夏小琳:疾病数据收集与处理,疾病数据时空格局分析,大气污染物与人群健康效应分析的实验设计、模型构建,初稿撰写等;

刘杨晓月:大气污染数据的收集与处理、大气污染时空格局分析,部分初稿撰写与修改等;

荆文龙、姚凌:本书框架结构设计,大气污染物与人群健康效应分析的实验设计与结果分析,初稿修改等。

本书的编写和出版得到了以下项目的资助:国家自然科学基金青年项目(42101475)、资源与环境信息系统国家重点实验室开放基金、南方海洋科学与工程广东省实验室(广州)重大专项团队项目(GML2019ZD0301)、中国博士后科学基金面上项目(2020M682628)、博士后创新人才支持计划项目(BX20200100)、广东省科学院发展专项资金项目(2020GDASYL-20200103003,2020GDASYL-20200103006)。本书的数据得到粤港澳大湾区地理科学数据中心的支持。

作者

2022 年 1 月

目　录

第1章 绪 论

1.1 大气污染研究的意义

包围地球的空气称为大气。像鱼类生活在水中一样,人类生活在地球大气的底部,并且一刻也离不开大气。大气为人类的发展提供了理想的环境,它的状态和变化时时处处影响着人类的活动与生存。大气环境是由清洁的空气、水蒸气以及各种杂质三部分组成的。空气的组成成分是基本稳定不变的,水蒸气的含量会因受到气候影响产生波动,而各种杂质的构成成分与含量(如悬浮颗粒物、有害气体等)则会因为自然条件或人类活动的影响不断发生变化,当其中有害物质达到一定浓度则会导致大气污染。国际标准化组织(International Organization for Standardization,ISO)将大气污染定义为"由于人类活动或自然过程引起某些物质进入大气中,呈现出足够的浓度、达到足够的时间,因此危害到人体的舒适、健康和福利或环境污染的现象"。目前,大气污染已成为一个全国性乃至世界性的环境问题,在中国一线城市以及人口密集地区尤其严重。随着城市化和工业化进程的加快,汽车尾气与工业废气的过量排放已经严重影响了城市大气环境质量。研究表明,城市中大气污染物的浓度与城市的人口密度和交通量存在显著的相关性[1]。同时,由于城市结构与发展方式的不同,加之地理位置与气候条件的影响,不同类型城市的大气污染水平存在显著的差异[2,3]。同样,由于城市内部规划与区域功能的不同,同一城市的不同区域也呈现出不同程度的大气污染[3]。因此,一个城市的大气污染格局往往会呈现明显的空间差异。

根据其存在的物理状态可将大气污染物分为颗粒污染物与气态污染物。颗粒污染物是指空气介质中的可忽略其沉降速度的悬浮物体,如粉尘、烟尘、雾、霾等。气态污染物主要包括以二氧化硫为主的硫化物、以一氧化氮和二氧化氮为主的氮化物、碳的氧化物、碳氢化合物及卤素化合物等。美国环境保护署(U. S. Environmental Protection Agency,EPA 或 USEPA)将颗粒物、臭氧(Ozone,O_3)、一氧化碳(Carbon Monoxide,CO)、二氧化硫(Sulfur Dioxide,SO_2)、氮氧化物(Nitrogen Oxides,NO_x)定义为常见的城市大气污染物[3]。随着对颗粒物特性探索的不断加深,有研究发现,颗粒物的污染毒性与其粒径的大小存在着很大程度的关联性,因此,根据其粒径的大小可以将颗粒污染物分成总悬浮颗粒物(Total Suspended Particles,TSP)、可吸入颗粒物(Inhalable Particles)、细颗粒物(Fine Particles)以及超细颗粒物(Ultrafine Particles)4 类,其中可吸入颗粒物是指空气动力学半径低于 10 μm 的颗粒物(Particulate matters aerodynamic diameter < 10 μm),简称 PM_{10},细颗粒物是指空气动力学半径低于 2.5 μm 的颗粒物(Particulate matters aerodynamic diameter<2.5 μm),简称 $PM_{2.5}$。PM_{10} 与 $PM_{2.5}$ 是城市大气环境中主要的颗粒污染物。

21 世纪以来,我国城市规模发展迅速。根据 2014 年《中国城市统计年鉴》[4] 1985—2013 年,北京、上海与广州的城区面积分别增长了 275%、440% 与 707%。随着城市规模的扩大,城市内的交通量也大幅度增加,截至 2013 年年底,全国私有汽车保有量超过 1 亿辆,比 1985 年私有汽车保有量增长了近 50 倍。伴随而来的是城市大气环境质量的急速下滑,大气环境污染问题日益严重。目前,我国城市大气环境中的主要污染物为 PM_{10}、$PM_{2.5}$、二氧化硫、氮氧化物以及臭氧[5-7]。近几年,脱硫技术的广泛应用使得二氧化硫气体的排放已得到比较有效的控制。由于机动车尾气和工业废气依旧是氮氧化物的主要来源,机动车保有量的持续增长使得氮氧化物的浓度仍然保持在较高水平。同时,氮氧化物作为臭氧前体物,其较高的浓度水平也使得臭氧的浓度水平有所升高,逐渐成为主要大气污染物之一,在某些地区的污染程度仅次于颗粒污染物[8-10]。从 20 世纪末开始,城市大气环境质量的评价及污染防治已成为大气污染研究和城市气候研究领域的主要课题之一,近年来,随着霾天气的频繁出现,研究者们对城市大气污染问题的研究热度只增不减。

在人们的日常生活中,大气污染物可以通过呼吸道、消化道以及皮肤接触三种方式对人体产生影响,其中以呼吸道吸入的方式最为普遍。因此,人类所处的城市大气环境质量与人类的健康密切相关。同时,城市中因工业发展而兴建起来的大范围工业区、私有汽车持有量迅速增长造成的交通拥堵也大大增加了人群在污染大气环境中的暴露机会,进一步威胁到人类的健康。据世界卫生组织(World Health Organization,WHO)统计,全世界每年受大气污染影响导致的死亡人数多达 270 万,其中有 33% 的来自于城市。在中国,每年因大气污染引起的超额死亡数已达到 11 万人之多,超额门诊数达 22 万人次,超额急诊数甚至达到 430 万人次[11]。据研究统计发现,大气污染对人群危害带来的经济损失(如丧失劳动损失费用、误工损失费用、医疗损失费用等)同样也不可小觑[12]。

大气污染作为人类社会与经济发展的副产物已成为全球性的环境问题,备受各国政府以及国内外学者的关注。同时,近几年来频繁出现的霾天气也渐渐引起了人们对大气环境污染问题的关注。20 世纪 70 年代以来,世界各地学者纷纷开展了大气污染及其与人类健康关系的相关研究并取得显著的成果,研究领域涉及医院、生物学、毒理学、气象学、地理学等学科,综合多领域对环境与人体健康的潜在关系进行挖掘。世界卫生组织、世界气象组织(World Meteorological Organization,WMO)、联合国环境规划署(United Nations Environment Programme,UNEP)等国际组织也先后制定了有关大气环境污染的相关研究计划。中国政府也大力支持大气环境污染的相关研究,制定和推行了《环境空气质量标准》,并且在全国范围设立大气环境监测站点,以达到对环境空气质量实时监测的目的,同时也为科学研究提供了大量可靠的实验数据。在多方面的共同努力下,大气环境污染对于人体健康的不利影响已经在多个领域的研究中得到证实[13,14]。研究表明,大气污染物对人体健康可以产生短期急性以及长期慢性的危害,主要表现在对呼吸系统[15-19]、心血管系统[19-21]功能的影响。长期的污染暴露会提升心肺功能疾病的发病率、致癌率以及死亡率,严重危害着人类的健康甚至生命。我国在此研究领域起步相对较晚,在大气污染对人类健康效应的研究方面目前仍在发展阶段,各地学者不断尝试新方法,寻求更合理、有效的研究设计,为了得到更加准确可靠的研究结论而不断探索。

1.2　国内外有关大气污染研究的综述

1.2.1　大气环境质量综合评价体系总结

大气环境质量评价是指根据不同的目的与要求,按照一定的原则和评价标准,用一定的评价方法对大气环境质量的优劣进行定性或定量的评估。大气环境质量评价的目的是准确阐明大气污染的现状和质量水平,指出未来发展的趋势和可能采取的最优化对策或措施等。大气环境质量评价的主要内容包括:第一,对污染源的调查与分析,从而确定主要的污染源和污染物,找出污染物的排放方式、途径、特点和规律;第二,对大气污染现状的评价,根据污染源调查结果和环境监测数据的分析,确定大气污染的程度;第三,对大气自净能力的评价,研究主要污染物的大气扩散、变化规律,阐明在不同气象条件下对环境污染的分布范围与强度;第四,对生态系统及人体健康影响的评价,通过环境流行病学调查,分析大气污染对生态系统和人体健康已产生的效应;第五,对环境经济学的评价,通过因大气污染所造成的直接或间接的经济损失,进行调查与统计分析。

目前,国际上较常用的评价大气环境质量的标准是空气污染指数(Air Pollution Index,API)。API 是一种数值模型,是 20 世纪 70 年代由美国环境保护署(EPA)研究制定的一种反映每日空气质量的评估方法,当时被称作"污染标准指数(PSI)"。空气污染指数的基本方法是将不同的空气污染物的浓度转化成为无量纲的概念性指数值形式,并分级表示空气污染程度和空气质量状况,适用于研究城市的短期空气质量状况和变化趋势。API 能够向公众提供准确、及时、易于理解的城市空气质量状况,又可用于环境现状评价、回顾性评价以及趋势评价等研究,因此在国内外被普遍应用[22]。由于地域差异以及发展程度的不同,不同国家和地区会根据各自的情况采用不同的空气质量分级方法,下面对美国、日本以及中国香港的空气污染指数分级标准进行总结,并与我国内地实行的空气质量评价标准进行比较。

1999 年 7 月,美国 EPA 公布了《空气质量日报发布规范》(EPA-454/R-99-010),人口超过 35 万人的地区和城市都需要向公众报告每日的空气质量,并将原有的空气污染指数(API)改为空气质量指数(Air Quality Index,AQI),分别采用绿、黄、橙、红、紫、棕等颜色来表示不同的污染等级(U.S.EPA,EPA-454/R-99-010)。同时,美国也率先将 $PM_{2.5}$ 纳入 AQI 的计算范围,开始关注颗粒物的污染状况。2004 年,美国 EPA 将 AQI 分级标准中的 $PM_{2.5}$ 标准由 40 $\mu g/m^3$ 调至 35 $\mu g/m^3$,如表 1-1 所示,美国的 AQI 标准在统计指标和浓度限值方面呈现严格化的趋势,且越来越关注由汽车尾气引起的光化学污染问题[23]。

表 1-1　美国空气污染指数分级及其对应的污染物浓度

空气质量指数	O_3(1 h) ($\times 10^{-6}$)	O_3(8 h) ($\times 10^{-6}$)	CO(8 h) ($\times 10^{-6}$)	SO_2(24 h) ($\times 10^{-6}$)	PM_{10}(24 h) ($\mu g/m^3$)	$PM_{2.5}$(24 h) ($\mu g/m^3$)
0~50	—	0~0.059	0~4.4	0~0.034	0~54	0~15.4
51~100	—	0.060~0.075	4.5~9.4	0.035~0.144	55~154	15.5~35.4
101~150	0.125~0.164	0.076~0.095	9.5~12.4	0.145~0.224	155~254	35.5~55.4
151~200	0.165~0.204	0.096~0.115	12.5~15.4	0.225~0.304	255~354	55.5~140.4
201~300	0.205~0.404	0.116~0.374	15.5~30.4	0.305~0.604	355~424	140.5~210.4
301~400	0.405~0.504	—	30.5~40.4	0.605~0.804	425~504	210.5~350.4
401~500	0.505~0.604	—	40.5~50.4	0.805~1.004	505~604	350.5~500.4
>500	—	—	—	—	605~4999	500.5~999.9

日本的空气质量评价系统共分为 6 级,如表 1-2 所示,该系统是根据不同污染物的浓度限值将其污染状况用蓝、青、绿、黄、橙、红 6 种颜色在地图上分开表示,并不计算综合的空气污染指数[24]。此外,日本将非甲烷总烃也列入空气质量评价系统,以及时预报光化学污染情况。在表示空气质量等级的同时,也会将风速风向等气象信息用不同颜色的箭头在地图上表示出来,便于读图者对污染物的变化趋势进行动态预测。

表 1-2　日本空气污染指数分级及其对应的污染物浓度

空气质量状况	SO_2(1 h) ($\times 10^{-6}$)	NO_2(24 h) ($\times 10^{-6}$)	CO(8 h) ($\times 10^{-6}$)	光化学氧化剂(8 h) ($\times 10^{-6}$)	PM_{10}(1 h) ($\mu g/m^3$)	风速 (m/s)
	0~0.02	0~0.02	0~5.9	0~0.02	0~0.05	0.2~3.9
	0.021~0.040	0.021~0.040	6.0~10.9	0.021~0.040	0.051~0.10	4.0~6.9
	0.041~0.100	0.041~0.060	11.0~20.9	0.041~0.060	0.101~0.20	7.0~9.9
	0.101~0.120	0.061~0.100	21.0~25.9	0.061~0.119	0.201~0.40	10.0~12.9
	0.121~0.150	0.101~0.200	26.0~30.9	0.120~0.239	0.401~0.60	13.0~14.9
	>0.151	>0.201	>31.0	>0.240	>0.601	>15.0

中国香港环境保护署采用空气污染指数作为评价空气质量的标准,分别使用绿、蓝、黄、红、黑 5 种颜色表示不同的污染等级[25]。空气污染指数对应的各污染物浓度限值如表 1-3 所示,空气污染指数 200 以上的部分与中国内地标准以及美国标准完

全相同;在空气污染指数介于 $100\sim200$ 的部分,PM_{10}、SO_2 浓度分级断点值略宽于中国内地标准;同时增加了污染指数 $0\sim25$ 区间,相对应于中国内地空气质量指数的 $0\sim50$ 区间。

表 1-3　中国香港空气污染指数分级及其对应的污染物浓度

空气质量状况	空气污染指数	污染物浓度($\mu g/m^3$)						
		PM_{10}(24 h)	SO_2(24 h)	SO_2(1 h)	NO_2(24 h)	NO_2(1 h)	CO(1 h)	O_3(1 h)
轻微	$0\sim25$	$0\sim28$	$0\sim40$	$0\sim200$	$0\sim40$	$0\sim75$	$0\sim7.5\times10^3$	$0\sim60$
中等	$26\sim50$	$29\sim55$	$41\sim80$	$201\sim400$	$41\sim80$	$76\sim150$	$7.6\sim15\times10^3$	$61\sim120$
偏高	$51\sim100$	$56\sim180$	$81\sim350$	$401\sim800$	$81\sim150$	$151\sim300$	$16\sim30\times10^3$	$121\sim240$
甚高	$101\sim200$	$181\sim350$	$351\sim800$	$801\sim1600$	$151\sim280$	$301\sim11300$	$31\sim60\times10^3$	$241\sim400$
严重	$201\sim300$	$351\sim420$	$801\sim1600$	$1601\sim2400$	$281\sim565$	$1131\sim2260$	$61\sim90\times10^3$	$401\sim800$
	$301\sim400$	$421\sim500$	$1601\sim2100$	$2401\sim3200$	$566\sim750$	$2261\sim3000$	$91\sim120\times10^3$	$801\sim1000$
	$401\sim500$	$501\sim600$	$2101\sim2620$	$3201\sim4000$	$751\sim940$	$3001\sim3750$	$121\sim150\times10^3$	$1001\sim1200$

随着霾现象的频繁出现,公众对空气污染问题日趋关注。自 1997 年以来,我国部分城市开始采用空气污染指数(API)来对空气污染状况进行综合评价。当时的评价系统纳入计算的污染物包括二氧化硫(SO_2)、二氧化氮(NO_2)和可吸入颗粒物(PM_{10}),通过将各污染物浓度的日均值转换为 $0\sim500$ 的污染指数对当日的空气污染程度进行评价,得出首要污染物。2008 年,中国对空气污染指数进行了修改,并发布了《城市空气质量日报和预报技术规定(征求意见稿)》[26]。修改后的空气污染指数评价体系纳入了 CO 日均浓度以及 O_3 浓度的 8 h(09—17 时)均值,并使用绿、蓝、黄、红、黑 5 种颜色分别表示优、良、轻度污染、中度污染、重度污染 5 个污染等级。2012 年,中国提出了新的空气质量评价标准——空气质量指数(AQI),首次将细颗粒物 $PM_{2.5}$ 纳入了计算项目,加上之前的 5 种污染物,共对 6 种主要大气污染物浓度进行监测。AQI 评价系统共分 6 级,见表 1-4,从一级优、二级良、三级轻度污染、四级中度污染,直至五级重度污染、六级严重污染,分别使用绿色、黄色、橙色、红色、紫色以及褐红色进行表示。根据《环境空气质量指数(AQI)技术规定(试行)》(HJ 633—2012)[27]规定:空气污染指数划分 6 档,对应空气质量的 6 个级别,指数越大,级别越高,说明污染越严重,对人体健康的影响也越明显。

表 1-4　我国内地空气质量指数分级及其对应的污染物浓度

空气质量指数	污染物浓度($\mu g/m^3$)					
	SO_2(24 h)	NO_2(24 h)	PM_{10}(24 h)	CO(1 h)	O_3(1 h)	$PM_{2.5}$(24 h)
$0\sim50$	$0\sim150$	$0\sim100$	$0\sim50$	$0\sim5\times10^3$	$0\sim160$	$0\sim35$
$51\sim100$	$151\sim500$	$101\sim200$	$51\sim150$	$6\sim10\times10^3$	$161\sim200$	$36\sim75$
$101\sim150$	$501\sim650$	$201\sim700$	$151\sim250$	$11\sim35\times10^3$	$201\sim300$	$76\sim115$

空气质量指数	污染物浓度（μg/m³）					
	SO₂(24 h)	NO₂(24 h)	PM₁₀(24 h)	CO(1 h)	O₃(1 h)	PM₂.₅(24 h)
151～200	651～800	701～1200	251～350	36～60×10³	301～400	116～150
201～300	—	1201～2340	351～420	61～90×10³	401～800	151～250
>300	—	2341～3090	421～500	91～120×10³	801～1000	251～350

1.2.2　大气污染物时空分布模拟方法总结

目前各领域研究中，比较常见的大气污染物浓度空间模拟的方法主要有土地利用回归模型、地统计学模型、扩散模型和卫星遥感反演等。

（1）土地利用回归模型

土地利用回归模型是利用研究区域的土地利用类型以及监测浓度来预测污染物浓度空间分布的分析模型。其原理为以某点的污染物浓度作为因变量，该点所在位置的土地利用类型数据作为自变量，建立回归模型对污染物浓度空间分布进行模拟。Briggs 等[28]首次利用土地利用回归模型模拟了小尺度空气质量的变化，得到了较好的相关关系（$R^2=0.79\sim0.87$），并基于模拟的污染物分布评估了长期暴露于污染空气对儿童呼吸道疾病的影响。近 10 年来，土地利用回归模型在国内大气环境污染的研究中也得到了广泛应用。Chen 等[29]在国内最先应用了土地利用回归模型对天津市 NO₂ 与 PM₂.₅ 浓度空间格局进行了分析研究，研究利用了二种污染物的监测浓度建立了多元线性回归模型（相关系数高于 0.7），并且发现对取暖季污染物浓度的模拟明显优于非取暖季。Wu 等[30]与 Liu 等[31]在结合土地利用信息的基础上构建了时空预测模型，分别对北京市、上海市大气污染物浓度的空间分布进行了估算，得到调整后较理想的相关系数，同样证明了土地利用回归模型在模拟污染物浓度空间分布上的可行性。

（2）地统计学模型

地统计学模型是通过分析已知点污染物的浓度值建立估算模型，对污染物浓度未知的位置点进行估算，即由已知点浓度估算得到整个研究区域的面污染物浓度分布。常用的地统计学模型有克里金模型（Kriging model）、反距离加权模型（IDW）、样条函数模型（Spline function model）以及贝叶斯最大熵（Bayesian Maximum Entropy，BME）。不同模型的选择主要是依据已知污染物浓度点的空间分布以及属性特征。目前，克里金模型被普遍认为是研究污染物空间分布的最优插值方法，其原理是采用最佳线性无偏估计来估算任意位置的污染物浓度值。其估算结果同时包含未知点的预测值与相应的估算误差（克里金差异），可以量化模型预测的不确定性，直观反映出各个位置点预测值的可信度。反距离加权模型是污染物浓度空间分布模拟研究中另一较常用的方法。该方法的原理是以距离作为权重参考，依据污染物浓度由插值点位置向周围随着距离的增加而降低的原则。该方法较适用于插值点为已知污染源情况下的污染物扩散估值,或者插值点为分布较均匀且密集的监测站点,两种情况下均可以得到较准确的估值结果。样条函数模型的使用有两个基本条件,一是构建的模型表面必须完全通过样本点;二是模型表面的二阶曲率是最小的。样条函数模型适合分析那些空间连续变化不明显即污染物浓度空间差异较小的情况,当污染物浓度具有较大的空间差异时,预测值的误差也会相应变大。因此,样条函数模型在污染物空间模拟应用上受到一定限制,未能得到广泛应用。BME 分析方法是近几年来新出现的一种时空地统计学方法,该方法采用统计学中的贝叶斯方法与信息论中熵的概念来分析和处理时空域中的变量,在土壤、环境和传染病等研究领域应用较广泛[32-34]。空间插值方法在国内外污染物研究中较为常见,被大多数研究者视为污染物浓度空间分布研究的基本方法。Mullholland 等[35]运用克里金插值方法分析了亚特兰大 20 个县的臭氧时空分布浓度。Abbey 等[36]运用了反距离加权模型模拟了大气污染物的空间格局,进而计算了人群在大气污染中暴露的相对风险。程念亮等[37]使用了克里金插值方法对 2013 年北京市的细颗粒污染物时空分布特征进行了研究分析,发现北京市颗粒污染物呈现明显的南北梯度分布特征,且平均浓度的达标面积在夏季为 73%,明显高于冬季的 22%。孟健等[38]使用指示克里金法分析了某城市二氧化硫浓度的空间变异特征,指出该方法是研究城市大气污染空间分析、插值的有力工具,对于分析城市大气污染空间特征、进行污染物浓度插值具有独特的优势。Pang 等[39]采用了美国北卡罗来纳州的 38 个站点的 $PM_{2.5}$ 日值数据对 BME 时空预测模型与时空克里格模型的时空模拟效果进行了比较,发现两者均有较好的模拟结果,然而 BME 由于考虑到了污染物浓度在时间上的连续性,模拟结果更佳。吕连宏等[40,41]指出,基于地统计学的空间插值方法是污染物空间分布状况精确估值的有效方法,将其应用于大气污染研究领域,可扩大研究的范围,使得大气污染环境影响评价及预测更具有优势。

(3)扩散模型

扩散模型的构建是基于高斯方程,结合污染物、气象、地形等数据对排放源建立污染物空间扩散模型的分析手段。污染物数据通常采用研究区域的监测站点数据,气象数据通常包括风向与风速、温度、太阳辐射量、大气稳定度等。排放源数据可分为两类,一类是工厂排放或家庭取暖的人为固定排放源;另一类为可移动污染源,如汽车尾气排放等。建立扩散模型前需要收集每种污染源的排放系数与位置信息,排放系数包括年均排放量、烟囱高度与直径、温度、排放速度等。扩散模型在污染物的早期研究中较为广泛应用。在国内,安兴琴等[42]以点源扩散模型为基础,对兰州市大气污染物 SO_2 的浓度进行了空间分布模拟,证明了该方法能够较准确地反映出兰州大气污染物的空间分布特征,具有较好的应用前景。杨洪斌等[43]运用 AERMOD 扩散模型对沈阳市的大气污染物分布进行了模拟,同样证明了该方法对于污染物扩散研究的有效性。

(4)卫星遥感反演

卫星遥感反演是通过多光谱遥感影像(如 MODIS)反演出气溶胶光学厚度产品,然后建立其与大气污染物质量浓度的关系,进而估算大气污染物的空间分布格局。国际上卫星遥感气溶胶的研究始于 20 世纪 70 年代中期,早期主要用单通道反射率方法来探测海洋上空的沙尘粒子[44]。Yao 等[45]通过基于人工神经网络的遥感反演的方法分析研究了全国 2006—2010 年大气颗粒物的时空分布格局及变化趋势。杨圣杰等[46]通过卫星遥感技术和地面监测相结合的方法,研究了采暖期北京市近地面不同粒径可吸入颗粒物时空分布规律及其与影响因素间的相互关系。刘桂青等[47]根据 MODIS 气溶胶光学厚度和城市 API 污染指数的相关性,从某种程度上可以反映地面大气污染状况。由于卫星遥感可以提供广阔背景上的有关气溶胶污染物的区域分布,因而在污染监测、来源分析、区域输送方面也具有广阔的应用前景。李成才等[48]利用 MODIS 气溶胶光学厚度产品与北京市空气污染指数进行分析研究,通过实验证实卫星遥感气溶胶光学厚度在经过垂直高度和湿度影响两方面的订正后,可作为模拟地面颗粒物污染物分布的有效手段。

本节列举出了 4 种关于大气污染物时空分布模拟的常用方法,土地利用回归模型具有成本低、数据易获取、易操作等优势,然而由于土地利用信息的常年变化较小,只能应用于估算长期的污染物空间分布状况,无法进行精细时间尺度变化的模拟。已建立的土地利用模型只可以应用到土地利用情况、地形条件、气象条件、交通状况等类似的地区,如果客观环境条件发生变化,则需要对新的研究区域进行重采样来重建模型模拟。土地利用回归模型属于经验关系的半定量模型,其应用受到分析区域环境条件的限制,不能普遍适用。地统计学模型对大气污染物浓度模拟的准确度主要依赖于插值点的个数、属性以及分布位置,在插值点个数较少或者分布不均匀的情况下需要借助地形、气象、土地利用等信息作为辅助因子进行建模,以得到较为符合实际的污染物浓度空间分布。近几年来,国家以及地方政府设立的大气环境监测站点数量迅速增加,为污染物浓度的空间统计分析提供了良好的数据基础,空间插值方法也成为国内各城市研究大气环境污染物空间分布的强有力的分析手段。在对污染物时空分布模拟的研究中,扩散模型的应用会受到一些条件的限制,比如分析对象一定要具有点源排放的特点,并且需要相对复杂的数据辅助。扩散模型只能应用于小范围研究区域,对于城市尺度以及更大尺度的大气污染时空分布格局的研究分析并不适用。由于卫星遥感影像覆盖面积广、空间分辨率高,在对全国范围的污染物分布格局的分析研究中具有较大优势。然而由于其时间序列不完整,并且往往会因为海拔高程、云层、光反射等因素造成不可避免的误差。因此,对于城市范围污染物特征的研究大部分仍是采用地面监测站的监测数据,而全国范围内的污染物特征研究可采用卫星遥感反演的方法。

1.2.3 大气污染与人群健康效应研究的方法总结

大气污染与人群健康效应研究的主要目的是为了探究对于不同污染物的不同浓度水平的暴露与疾病的发病率、死亡率之间是否存在一定的联系,若存在一定相关性,则进一步挖掘其暴露—反应关系,即疾病发生率的增加与污染物浓度水平增加的关系。近几年来,随着对大气污染健康效应研究热度的增长以及信息技术的发展,不断有新的方法被应用于环境流行病学的相关研究中,在监测技术、分析方法、模型构建、统计分析等方面不断创新,大大促进了环境流行病学的发展。

1.2.3.1 短期污染暴露健康效应研究方法

大气污染对人体健康短期效应研究目的是探究短期污染暴露对敏感人群的急性影响,通常采用时间序列研究(time series study)、病例交叉研究(case-crossover study)以及固定群组追踪研究(panel study)三种方式。

(1)时间序列研究

自 20 世纪 90 年代开始,时间序列模型便被广泛应用于大气环境污染物暴露对多种急性健康效应特点的研究,并且在世界各地的不同城市、不同污染浓度水平以及针对不同人群的研究中均取得了较为相近的结果。时间序列研究方法是对同一组研究人群进行反复观察并探究暴露条件改变对其造成的不同健康效应。因此,在研究过程中,与时间变化相关的变量(如年龄、烟龄)不会对大气污染健康效应的研究产生混杂影响。在时间序列研究中,衡量污染物对人体健康效应一般采用相对危险度(Relative Risk,RR)作为参考指标,RR 也叫作危险度比,是暴露组的危险度与对照组的危险度之比,是反映暴露与发病(或死亡)关联强度的指标。RR 用来表示暴露组发病率或者死亡率是对照组发病率或者死亡率的多少倍,RR 值越大,表明暴露的效应越大,即暴露与反映的关联强度越大。通常情况下,当 RR 属于区间 0.9~1.0 或 1.0~1.1,说明暴露因素与疾病无关联;当 RR 属于区间 0.7~0.8 或 1.2~1.4,说明暴露因素与疾病有弱的关联;当 RR 属于区间 0.4~0.6 或 1.5~2.9,说明暴露因素与疾病有中等关联;当 RR 属于区间 0.1~0.3 或 3.0~9.9,说明暴露因素与疾病有较强的关联;当 RR 小于 0.1 或大于 10,说明暴露因素与疾病关联很强。一般情况下,通过时间序列研究分析求得的 RR 值所对应的关联强度较弱,比如 Katsouyanni 等[49]在欧洲的大范围研究表示,PM_{10} 的日均值浓度增加 10 $\mu g/m^3$,死亡率则上涨 0.5%。近几年,一些复杂的统计模型,如广义相加模型(generalized additive model)泊松回归也被引入时间序列分析,并采用非参数平滑函数来控制季节、气象条件、星期效应等潜在因素对健康效应的影响。Samet 等[50]采用时间序列分析了美国 20 个城市大气污染物 PM_{10} 与心血管疾病死亡的关系。结果发现,PM_{10} 浓度每增加 10 $\mu g/m^3$,心血管疾病的死亡率会相应增加 0.68%。该研究设计避免了单个城市研究偶然性的发生,科学地证明了大气颗粒物污染与心血管健康效应之间的关系。国内的多个城市也已经采用该方法研究了大气污染对人群心肺疾病死亡或发病率变化的急性影响。Chang 等[51]应用时间序列研究方法对北京市主要大气污染物浓度与人群健康效应的关系进行了分析,研究发现大气污染物浓度的升高可显著降低心率并且造成血压水平的升高。汤军克等[52]分析研究了上海市闵行区 2001—2004 年的大气污染水平与居民死亡率的关系,研究结果表明,PM_{10}、SO_2 和 NO_2 的浓度增加 $10 \ \mu g/m^3$,相对应的居民死亡率相对危险度分别是 1.0003、1.0123 和 1.0126。Wang 等[53]采用同样研究手段对西安市 $PM_{2.5}$ 及其化学组分短期暴露与死亡率的关系进行了分析,研究发现,$PM_{2.5}$ 浓度增长 $10 \ \mu g/m^3$ 可以使总死亡率增加 2.29%,心血管疾病死亡率增加 2.08%。

(2)病例交叉研究

病例交叉研究的概念是由美国的 Maclure 于 1991 年首次提出的,是一种适用于短期暴露对罕见急性病急性影响研究的流行病学方法。相对于时间序列研究来说,病例交叉研究的优势在于它能够进行合理的设计与优化,而不是简单依靠统计学模型来控制混杂因素的影响。在病例交叉研究中每一个个体被认为同时提供暴露期信息和对照期信息,因此可将其看作为病例对照实验的配对设计。与时间序列研究相类似,病例交叉研究也是对同一组研究人群进行观察并探究暴露条件改变对其造成的不同健康效应影响,将每个个体作为其自身对照组可以避免一些混杂因素(如年龄、吸烟、疾病等)所引起的偏差。随着大气污染问题热度的高涨,病例交叉研究已被研究者们广泛地应用在大气污染的短期健康效应研究中。贾健等[54]应用病例交叉研究方法对上海市闸北区 2000—2002 年的 NO_2、SO_2 和 PM_{10} 浓度数据与居民死亡率的关系进行了分析,研究发现,NO_2 与呼吸系统疾病的死亡率有关联,PM_{10} 则对循环系统疾病的死亡率存在影响。Lee 和 Schwarts[55]采用对称性双向对照的方法对韩国汉城(今首尔)的污染物健康效应进行了分析研究,该研究考虑了气象因素,对当地居民每日死亡率与 TSP,SO_2 和 O_3 浓度变化的关系建立 Logistic 回归模型进行分析,分析结果表明,TSP 浓度每增加 $10 \ \mu g/m^3$,死亡率相应增加 1%。

(3)固定群组追踪研究

固定群组追踪研究是从整体角度来探究大气污染物短期暴露与健康效应的潜在联系,根据不同的研究目的选择具有代表性的研究对象,观察个体在一段时间(一般不超过半年)内的大气污染物暴露水平与健康效应发生频率的关系,进而探究污染物短期暴露的急性健康效应。由于实验观察时间有限,因此,研究对象应选择儿童、老年人或有病史者等敏感人群。固定群组追踪研究排除了个体混杂因素的干扰,在国外的流行病学分析中应用较广泛,在我国的研究则相对较少。Hartog 等[56]通过心脏和呼吸疾病症状日志选取了一组有冠心病的老年人,观察并探究其心脏病症状与颗粒污染物的关系。研究结果发现,$PM_{2.5}$ 浓度与呼吸短促、心脏活动受限症状存在正相关关系,且浓度每增加 $10 \ \mu g/m^3$ 对应的症状发生频率分别增加 12% 和 9%。郝延慧[57]从山东省征集了46名成年人到上海市旅行,应用了固定群组研究方法追踪该组人群在上海市10天活动的暴露情况,研究结果表明,PM_{10} 与 $PM_{2.5}$ 浓度降低10 $\mu g/m^3$,用力呼吸容积(forced expiratory volume,FEV)值相应上升了0.78% ~ 2.69%,颗粒物中的碳元素和多环芳烃的浓度与免疫指标之间也存在显著的相关性。

1.2.3.2 长期污染暴露健康效应研究方法

短期污染暴露健康效应研究往往反映的是大气污染物对心肺疾病患者以及儿童、老年人等敏感群体的影响,而长期污染暴露健康效应研究的目的是探究大气污染对人群长时间的慢性累积效应,从长期的时间尺度反映大气污染对人群健康较为全面的影响。长期污染暴露健康效应的研究方法主要包括横断面研究(cross-sectional study)和队列研究(cohort study)。

(1)横断面研究

横断面研究是在某一特定时间对一定范围内的人群以个人为单位收集和描述人群特征及疾病或健康状况的一种研究方法。该研究获取的属性资料是描述某一时点或在较短时间区间内的疾病特征,因此,可以客观反映出该时间点或者较短时间段的疾病分布情况及人群行为与疾病之间的关联。因其收集的资料是当时的现况资料,所以又称为现况研究或现况调查(prevalence survey)。该研究方法通常利用常规资料或现成资料进行分析,这样可以节省大量时间、人力以及物力资源,并且可以较快地得到结果。由于现有资料无法对混杂因素(如吸烟、职业接触史)等进行控制,无法保证所得暴露剂量关系结果的可靠性。目前,该方法在描述流行病学中的应用也较为广泛[58,59]。Brian 等[60]在瑞士对9650个成年人(18~60岁)的呼吸健康指标进行了横断面研究,结果发现,PM_{10} 年均浓度增长10 $\mu g/m^3$,对应的慢性黏液产生量增加35%,慢性咳嗽增加33%。Nino 等[61]应用横断面方法研究了多种大气污染物及粗颗粒物的长期暴露与粥脉动样硬化指标CIMT的关系,结果发现,$PM_{2.5}$ 每增长5 $\mu g/m^3$,CIMT的周长相应增加0.72%。

(2)队列研究

队列研究在多领域中是公认的评价长期污染暴露对人群健康的有效方法。队列研究一般分为回顾性队列研究(retrospective cohort study)、前瞻性队列研究(prospective cohort study)以及双向性队列研究(ambispective cohort study)。回顾性队列研究是追溯到过去某时期,分析选定人群对某环境因素的历史暴露,进而追查与分析目前的发病或死亡情况,该方法的优点是节约时间与人力、物力资源,缺点是受到历史数据统计资料的限制。前瞻性队列研究采用观察性的研究手段,将某组特定人群按暴露方式以及暴露水平的不同(是否暴露,低、中、高暴露浓度)分为不同组别并对其进行追查,比较各组发病率或死亡率的差异,从而探究暴露因素对疾病的影响效应。在研究大气污染暴露健康效应的应用中,首先确定研究人群并且根据个体暴露于大气污染的程度进行分组,然后计算比较不同群组的疾病发病率或者死亡率,得到每个群组的相对风险比或发病率比。前瞻性队列研究可以直接获取研究人群的基本资料,充分了解研究个体的暴露风险,其研究结果最适宜作为大气污染和健康效应关系的实证推论。队列研究周期较长,需要投入巨大的人力物力。目前,世界范围内的成功的队列研究有美国哈佛大学六城市研究(six city study)[62]、美国癌症协会队列研究(American Cancer Society cohort study)[63,64]、欧洲的空气污染健康效应队列研究(European study of Cohorts for air pollution effects,ESCAPE)[65,66]等。世界范围的队列研究充分证明了大气污染对人群健康存在显著的不利影响。目前,我国的队列研究都基于回顾性研究,前瞻性队列研究较少[67]。

1.3 本研究的目的与意义

目前,国内大部分的城市大气污染及其健康效应的研究均集中在人口密集且经济较发达的一、二线大城市以及污染较严重的区域,如北京[68-70]、上海[71,72]、广州[73]、重庆[74]、西安[75]、武汉[76,77]等城市,以及京津冀地区和珠江三角洲地区[78-81]等经济发展较快的区域。然而,对于城市大气环境质量相对较好的城市鲜有研究。尽管大气污染对人类健康造成的负面影响是随着污染物浓度的增加而加剧的,但是目前仍没有确定会对人类健康产生影响的污染物浓度最低下限[82]。美国和欧洲等国家的研究表明,颗粒污染物 $PM_{2.5}$ 对人类健康开始出现影响的最低浓度为 $3 \sim 5 \mu g/m^3$[82],远远超过了国内大多数城市的平均 $PM_{2.5}$ 污染水平。因此,即使在大气环境污染水平相对较低的城市,一旦出现大气环境有所恶化的现象,同样具有研究价值。深圳市就是一个典型的例子。

深圳市地处我国六大核心经济圈之一的珠江三角洲,北部与内陆接壤,南部临海,属于亚热带季风气候。由于其特殊的地理位置和气候条件,深圳市的城市大气环境质量一直保持在国内城市排名的前端。深圳市曾在 1997 年被评选为全国环境保护模范城市。然而近几年来,随着珠江三角洲地区的快速发展,深圳市的大气环境质量有所下滑。生产性污染是深圳市大气污染的首要污染源,其中交通运输性污染所占比例越来越大,整体的污染模式正在向煤烟型污染和机动车污染的复合型污染转化。截至 2013 年年底,深圳市的私有汽车保有量超过了 300 万,成为全国交通密度最大的城市。2013 年深圳市已建成覆盖全市的城市空间质量实时监测网络,可连续实时监测包括颗粒物($PM_{2.5}$ 和 PM_{10})和气态污染物(CO、SO_2、O_3 和 NO_2)在内的 6 类污染物,获取的监测数据和时间序列较为完整,使得研究大气污染物及其分布特征具有了大量的样本基础,也为研究污染物对人类健康的影响提供了可靠的数据保障。

目前,评价大气环境对人类健康影响的手段主要是时间序列分析,建立多元回归分析模型,将气象等多方面信息作为辅助因素加入分析过程。时间序列分析方法固然对于理解大气环境与人群健康之间的关系较为有效,但尚未充分利用空间信息。一方面,在时间序列分析过程中,通常以某几个监测站点的污染物监测浓度水平代替整个研究区域的污染物平均水平,这样"以点带面"的处理方法会不可避免地造成误差,影响分析结果的准确程度;另一方面,由于信息来源的不同,大气环境数据与人群健康数据在时间与空间上往往存在不一致性,即大气环境数据通常来自离散的环境监测站点,而人群健康数据则反映的是一块区域某一段时间内的情况,因此需要借助于地理空间分析技术将污染物浓度与人群健康数据在空间与时间上进行统一结合。

随着计算机技术和信息数字化发展而成长起来的地理信息系统(Geographic Information System,GIS)使地理空间分析领域产生了巨大的变革,其应用领域涉及社会各行各业,也因此成为研究大气环境与人类健康之间关系的最有潜力的有力工具。GIS能够收集并处理不同来源的数据,并以不同形式储存和展示,其多种空间分析方法和模型可以模拟多种空间现象,给空间信息的分析处理提供无限可能。其中,空间插值方法可以根据有限的监测站点样本数据对整个研究区域面进行估值预测,实现由点到面的转换,为大气污染物的研究提供空间分布连续的有效数据,对了解各区域污染物分布情况提供参考。空间统计方法可以将一个完整面上的连续数据分散统计到更小的区域单位上进行分析和匹配,使污染物数据与人群健康数据在空间上的结合,为研究污染物对人群健康效应的时空影响格局提供了精确的数据支持。

对深圳市污染物时空分布与人类健康效应的研究不仅可以了解到深圳市近年来大气环境的污染程度、首要污染物、重点污染区域以及季节变化等信息,为环保部门提供科学的数据参考,还可以更好地理解低污染水平地区污染物与人类健康效应的关系以及不同污染物对不同人群的影响特点,为大气污染与人类健康研究领域提供典型的案例证明。

第2章　数据的获取与处理

2.1　研究区域

深圳市作为珠三角城市群中连接香港和内陆的枢纽,大气环境质量优于周边城市,曾在1997年被率先评为环境保护模范城市。近年来,随着珠三角城市群工业化进程的加快,该区域的大气污染问题广泛受到国内外学者的关注[83-87]。深圳本地工业燃料消耗量及机动车数量的快速增长(截至2013年年底,深圳市机动车保有量超过250万辆,近5年年均增长率约16%,每千米道路机动车约500辆,车辆密度全国第一;2013年,新增约37万辆,增速达16.5%),深圳大气中SO_2,NO_2和PM_{10}的浓度呈逐年上升的趋势,大气能见度在下降,霾天气经常出现,大气环境质量有恶化的趋势,冬季霾日的发生频率较其他季节高,可占全年霾日的40%左右[88]。据测算,目前机动车尾气排放占深圳$PM_{2.5}$本地排放源的41%,已形成主要大气污染源,成为导致霾天气的重要原因。此外,深圳是典型的季风气候,夏季盛行海风,而冬季主要受来自北方内陆污染较重的气团控制,其大气环境质量在不同季节差异很大:当夏季主导风向来自西南或东南海面时,大气环境质量较好,冬季主导风向来自北方内陆时,大气环境质量较差[89]。

深圳市已建成覆盖全市的城市空间质量实时监测网络,可连续实时监测包括颗粒物($PM_{2.5}$和PM_{10})和气态污染物(CO、SO_2、O_3和NO_2)在内的6类大气污染物,获取的监测数据和时间序列较为完整,使得研究大气污染物及其分布特征具有了大量的样本基础。由于各区域的污染物都不是相互独立的,通过分析跟监测站点之间污染物质量浓度的规律,即可探索并预测整个区域面的平均质量浓度及分布规律。本研究根据2013年1—12月深圳市空气质量实时监测网络获得的污染物质量浓度24 h均值,分析大气污染物质量浓度随时间尺度的变化规律及相关性。

2.2　大气污染物数据

2.2.1　大气污染物数据收集与预处理

本书采用的大气污染物浓度数据来源于深圳市环境监测中心提供的基于地面大气环境监测站点的监测数据。深圳市环境监测中心站具备向社会提供水和废水、环境空气和废气(含大气降水)、土壤(底质、固体废弃物)、生物(含生物残留体)、噪声、振动、放射性、海洋、室内空气质量等不同类别的 500 多项监测项目的能力以及环境设备检测的能力。深圳市环境监测中心站于 1991 年通过计量认证,2000 年在全国环保监测系统中率先通过中国实验室国家认可委员会的认可,现有认可认证项目超过 500 项,实验室的检测能力处于同行的先进水平,所出具的监测报告具有法律效力,并得到了亚洲、欧洲、美洲、非洲等国家和地区的互认。深圳市空气质量检测网络由 19 个监测站点组成,如图 2-1 所示,所有站点均采用微量振荡天平(TEOM)方法的 Thermo1405F 系列仪器进行污染物浓度监测,操作流程严格按照《环境空气质量自动监测技术规范》(HJ／T 193—2005)进行,全天连续 24 h 进行采样,设备由技术人员定期检查并及时维护保养,在 1 年的监测时间内有效数据捕获率超过 95%。

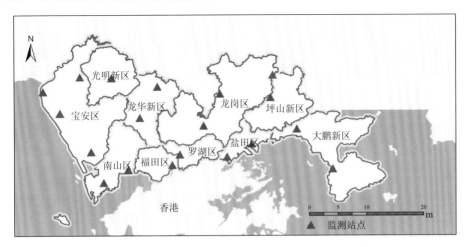

图 2-1　深圳市大气环境监测站点分布

本书收集了 2013 年 1—12 月 19 个监测站点 6 种大气污染物($PM_{2.5}$、PM_{10}、CO、SO_2、O_3 和 NO_2)的逐日平均浓度资料监测数据,其中 O_3 的日浓度统计资料为 8 h 浓度最大值,根据《环境空气质量标准》(GB 3095—2012)针对大气污染物浓度数据有效性的要求,对各污染物浓度数据进行了质量控制:①剔除原始数据中小时浓度≤0 的值;②在计算日均值时,若监测站点当天缺测数据超过 4 h,则当天数据无效,进行剔除;③计算月均值时,若监测站点当月缺测天数大于 3 日,则当月数据无效,进行剔除;④计算年均值时,若监测站点全年缺测数据超过 41 d,则全年数据无效,进行剔除;⑤小时监测浓度异常高的少数异常值也须剔除。最终获得有效数据 349 d,其中春季(3—5 月)有效天数为 83 d,夏季(6—8 月)有效天数为 89 d,秋季(9—11 月)有效天数 90 d,冬季(12 月至翌年 2 月)有效天数为 87 d。

2.2.2　大气污染物浓度时空模拟方法的选择

为了得到深圳市全市范围的具有空间连续性的污染物浓度数据,本书分别采用了 4 种常用的空间插值方法对 6 种污染物浓度各自进行模拟,比较 4 种方法对不同污染物模拟结果的误差,最终选用误差最小的空间插值方法对深圳市的污染物分布格局进行模拟。

4种插值方法为反距离加权(IDW)、样条函数(Spline Function)、克里金(Kriging)插值以及贝叶斯最大熵(BME)方法。研究对反距离加权的距离幂指数设置常用取值1~3,对张力样条函数插值的权重 w 设置常用取值1和5,对克里金插值采用常用的球状模型,对BME空间上采用球状模型、时间上采用指数模型和高斯模型的混合模型。采用交叉验证的方法对各插值方法进行检验,以平均绝对误差、拟合系数、误差百分比作为插值精度的评估标准,确定插值精度最好的模型。拟合系数(相关系数)(IOA)可以反映插值模型的拟合效果,平均误差百分比(MPE)可以反映估计值的误差程度。各评估指标的表达式如下:

$$MPE = \frac{\sum\limits_{i=1}^{n} \frac{|Z_i - \hat{Z}_i|}{Z_i}}{n} \tag{2-1}$$

$$IOA = 1 - \left| \frac{\sum\limits_{i=1}^{n}(Z_i - \hat{Z}_i)^2}{\sum\limits_{i=1}^{n}(|Z_i - \overline{X}| + |\hat{Z}_i - \overline{Y}|)} \right| \tag{2-2}$$

式中, $\hat{Z}_i$ 代表第 i 个大气环境监测站点污染物浓度的实际监测值, Z_i 代表第 i 个大气环境监测站点污染物浓度的估计值, n 代表大气环境监测站点的数量, $\overline{X}$ 、 $\overline{Y}$ 代表 n 个大气环境监测站点污染物浓度实际监测值的平均值。

在比较插值方法的过程中,选取15个监测站点参与插值运算,将其余4个未参与插值的点作为检验点来对各插值方法的估值精度进行评估。本研究用4种插值方法分别对深圳市15个监测站点6种污染物1—3月的日均浓度值进行插值并用其余4个监测站点的当日监测值与其估计值进行比较、计算评估标准,表2-1和表2-2中各评估指标结果均为4个检验监测站点全年的均值。采用高样本数量的全年数据进行比较计算可以提高比较结果的准确度和可信度。

表 2-1   4 种插值方法评估标准 MPE 的结果值

MPE	SO_2	NO_2	CO	O_3(8 h)	PM_{10}	$PM_{2.5}$
IDW	0.5003	0.2842	0.2563	0.5609	0.1542	0.1284
Kriging	**0.2344**	**0.0347**	**0.1339**	**0.3443**	**0.0731**	**0.0532**
Spline	0.5851	0.3531	0.2689	0.5776	0.1937	0.1450
BME	0.5021	0.3123	0.2241	0.5580	0.2001	0.1632

表 2-2   4 种插值方法评估标准 IOA 的结果值

IOA	SO_2	NO_2	CO	O_3(8 h)	PM_{10}	$PM_{2.5}$
IDW	0.7657	0.8723	**0.7830**	**0.9081**	0.8805	0.9386
Kriging	**0.8538**	**0.9905**	0.7619	0.9008	**0.9536**	**0.9794**

IOA	SO₂	NO₂	CO	O₃(8 h)	PM₁₀	PM₂.₅
Spline	0.6887	0.8330	0.5982	0.8553	0.8105	0.9221
BME	0.7336	0.8102	0.7034	0.7118	0.7901	0.7324

IDW 方法是根据邻近区域离散分布的每个采样点的值,通过距离加权值运算获得内插单元值,该方法计算量小,在插值点数量较多且分布较均匀的情况下比较有优势。在本研究中,全深圳市站点数量较少,不适宜采用该方法进行空间插值。适合分析那些空间连续变化不明显即污染物浓度空间差异较小的情况,当污染物浓度具有较大的空间差异时,预测值的误差也会相应变大。克里金插值不同于反距离权重插值和样条函数插值,前两种是确定性插值,而克里金插值是一种基于统计学的插值方法,其原理是根据相邻变量的值,利用变异函数揭示区域化变量的内在联系来估计空间变量数值。由于变异函数既可以反映变量的空间结构特性,又可以反映变量的随机分布特性,所以利用克里金方法进行空间插值可以取得理想的效果。BME 方法同样是利用变异函数揭示区域化变量的内在联系来估计空间变量数值,但是在插值过程中同时考虑空间以及时间序列的影响,由于空气污染物在时间序列上的分布特征在很大程度上受到气象因素的影响,在只考虑污染物浓度的单一条件下,即缺乏气象等辅助数据的情况下,很难获得较准确的时空序列分布模拟模型,因此,插值结果的精度不理想。在本研究中,由于原始数据只包含污染物日均浓度,不宜选择使用 BME 方法。综合考虑两种评估指标的比较结果以及各空间插值方法的特点,本研究选择使用克里金方法对深圳市的大气污染物的分布情况进行时空模拟,得到深圳市 2013 年全年每日的基于 1 km 网格的日均污染物浓度空间分布数据。

2.3　呼吸道疾病数据

2.3.1　呼吸道疾病数据的收集与筛选

本研究收集的呼吸道疾病数据是由深圳市医学信息中心提供,数据包含了深圳市全市 98 家医院 2013 年的住院病历记录,共 15 万例。为了确保大气污染与呼吸道疾病效应分析的准确性,本研究对原始住院病历数据做了以下处理,如图 2-2 所示。

(1)剔除不相关病例

由于本研究的研究目的是探究大气污染对呼吸道疾病的影响效应,倘若病例样本数据中包含不相关的疾病数据,便会对最终分析结果造成影响,因此需要剔除。按《国际疾病编码(第 10 版)》(ICD-10,International Code of diseases-edition 10)标准,关于呼吸系统疾病编码为 J00～J99 段。排除了以下几类情况:吸入化学制剂、气体、烟雾和蒸汽引起的呼吸性情况(J68),J69 由于液体和固体引起的肺炎(J69),其他外部物质(如辐射、药物等)引起的呼吸性情况(J70),主要影响间质的其他呼吸性疾病(J80～J84),胸膜的其他疾病(J90～J94),未列入胸膜的其他疾病(J90～J94),呼吸系统的其他疾病(J95～J99),如此考虑是这些疾病具有明确其他外因、继发于其他疾病或发病部位与空气质量无关。将一些慢性呼吸系统疾病列入,是考虑到空气质量有可能会成为这些疾病合并急性感染或急性发作的诱因,从而导致患者入院。在研究时也可将这些慢性病患者单独分析,另文研究,本书不再赘述。在对不相关病例进行剔除后,最终得到可用病例111436例。

(2)提取可用信息

原始的住院病历记录包含的信息较多,且大部分与本研究的研究目的不相关,因此,需要对可用信息进行提取,去除无关冗杂信息,以提高数据的分析处理速度。住院病历记录中的可用信息包括医院名称、现住址、工作单位、入院日期、科室、诊断、性别以及年龄。

(3)建立病例地址数据库

为了获取病历记录相应的暴露浓度信息,须确定病例的暴露位置,进而与污染物浓度数据进行空间匹配,此过程需要参考病例的地址信息。建立地址数据库主要使用的是病例信息中的现住址一列,即个体最主要的暴露位置。当现住址部分存在空缺时,可以使用单位地址对其进行补充,单位地址也是个体暴露程度较高的另一主要位置。

(4)剔除不可用地址

在对地址信息的整理过程中发现存在只含有城市信息或者区域信息的地址,例如"深圳市""深圳市宝安区""深圳市光明新区"等,这种地址涵盖范围较广,无法进行准确定位,因此需要剔除。另外,本书研究的是深圳市的大气污染与人群健康的关系,超出深圳市范围的地址也需要剔除。

图 2-2　原始住院病历数据处理流程

2.3.2　呼吸道疾病病例信息空间化

为了获取各呼吸道疾病病例相对应的暴露浓度信息,须确定每个病例的暴露位置,进而与污染物浓度数据进行空间匹配。鉴于本书研究采用的医院病历记录数据来源于深圳市不同等级与不同性质的医院,各医院对患病者的信息记录要求标准不一致,导致了病例地址数据库中患者家庭住址信息详细程度和表达方式的不一致,因此加大了病例信息空间化的难度,使空间匹配过程更加烦琐复杂。通过对病例数据库中患者住址信息的分析发现地址信息存在以下问题：

①　地址信息有歧义，例如，存在多个匹配位置，导致匹配结果不唯一；

②　地址信息不准确，例如，街道信息与小区信息不对应，导致无法匹配；

③　地址信息不精确，例如，只有街道名称，导致匹配结果不精确。

以上问题会导致病例信息空间化结果的精准确度无法达到要求，针对这一问题，本研究对病例数据采用分类空间化的解决方法，即将病例地址数据库中的地址信息分为详细地址（可精确匹配到坐标点）和粗略地址（可精确匹配到街道）两类，分别进行地址坐标匹配和地址街道匹配。

地址坐标匹配指的是将患者住址信息精确匹配到唯一的坐标点上，因此需要住址信息的详细程度必须精确到小区名称或者楼号等。在病例地址数据库中，通过对地址信息内容的筛选，33321 个满足条件的病例地址被选出进行地址精确匹配。地址匹配过程采用的是百度地图开放平台中的 geocoding API，并借助于火车头采集器进行批量处理，如图 2-3 所示。然而百度地图 API 返回的坐标值是百度地图专用的百度坐标系，需要进行坐标系转换，从而得到通用的 WGS84 坐标系的经纬度坐标值。

图 2-3　火车头采集器批量处理示意

从精细匹配的结果图（图 2-4）可以明显看出福田区、宝安区南部以及罗湖区西部的病例点十分密集，由此可见该部分地区的医院病例记录系统较为完善，病历记录信息相对完整，可以采用地址匹配的方式将病例点空间化。然而其他地区的病例点匹配度较低，影响了整体数据的完整性，不可采用地址匹配的办法进行处理。因此本研究继续采用了街道匹配对病例点做进一步的空间化处理。

地址街道匹配指的是将患者住址信息匹配到相应的街道上，之后以街道作为单位进行分析。首先将有准确街道信息的患者住址按照街道名称进行分类，共有 57 个街道，并对病例赋值其对应街道中心点的经纬度坐标。同时，对于详细地址也通过空间匹配的方法将其归入相对应的街道，从而得到街道病例数据库。该方式的匹配结果如表 2-3 所示，相对坐标匹配的结果来说，街道匹配的方式大大提升了匹配度，然而仍有将近 40% 的病例未能进行空间化。

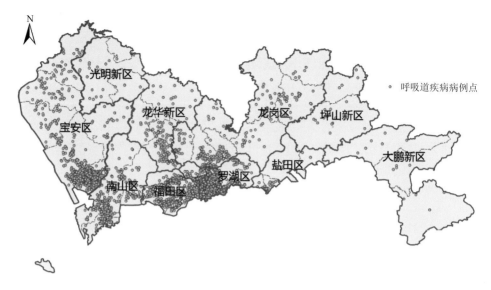

图 2-4　地址匹配结果的空间分布

表 2-3　地址匹配结果

匹配方法	成功匹配数量/总数量
坐标匹配	23321/111436
街道匹配	67371/111436

从空间化的最终匹配结果来看,坐标匹配以及街道匹配的结果均损失大量的原始数据,无法保证深圳市呼吸道疾病住院病例数据的完整性。因此,我们最终采用了医院地址作为最终呼吸道疾病住院病历地址匹配的参考依据,保证了所有病例数据都能成功匹配并获得空间位置信息。

2.4　辅助分析数据

2.4.1　人口数据

本研究采用的人口数据来源于第 6 次人口普查数据,包括总人口数量、男女人口数量以及各年龄段(0～14 岁、15～64 岁、65 岁以上)人口数量,统计数据均以街道作为统计单元。同时,为了与其他数据进行空间匹配,本书进一步将街道人口数据转换为表示单位面积人口数量的人口格网数据。图 2-5 展示的是深圳市基于公里网格的人口分布的情况,可以看出,人口最为密集的地区为福田区以及罗湖区,其次是南山区南部、宝安区、龙岗区南部,大鹏新区与坪山新区人口数量最少。人口数据在分析过程中主要用于计算各个区域的呼吸道疾病住院率,以此消除人口分布对呼吸道疾病住院率的空间影响。

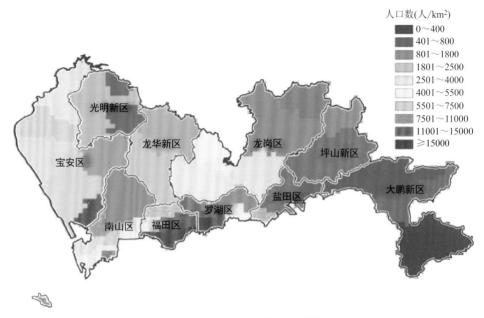

图 2-5　深圳市人口的空间分布

2.4.2　气象数据

本书研究中采用的气象数据通过深圳市气象局网站获取,包括 2013 年 1—12 月的每日平均气温、日平均相对湿度、日平均气压、风级与风向、降雨量等信息。其中相对湿度、气压、风级与风向均是以深圳市为数据统计单元,即每日均值代表深圳市的整体水平;每日平均气温与降雨量则是对深圳市进行了分区域监测,全深圳市可收集到多个监测站点的日均数据,因此对其进行了空间插值生成空间分布数据。

根据深圳市气象局的气象统计数据,2013 年深圳市的年平均气温为 23.5 ℃,年平均气压为 1004.9 hPa,年平均相对湿度为 76%;全年风级为 0~3 级的天数为 321 d,4 级的天数为 34 d,5 级以上风级出现的天数为 10 d;平均日降雨量为 227 mm;全年的四季玫瑰风向图如图 2-6 所示,春季与秋季主要盛行东风及东北风,夏季盛行东南风,冬季只盛行东北风。气象数据在分析过程中主要作为辅助因素,用于控制气象条件在污染物对呼吸道健康产生不良效应过程中的影响,以提高分析结果的准确性与可信性。

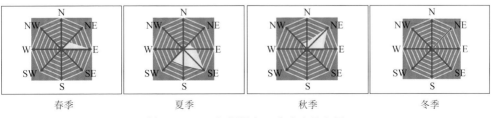

| 春季 | 夏季 | 秋季 | 冬季 |

图 2-6　2013 年深圳市四季玫瑰风向图

第 3 章　深圳市大气污染物的时空格局分析

3.1　深圳市大气污染物的统计分析

本章通过深圳市各大气污染物质量浓度的全年监测值,分别对 6 种污染物质量浓度的年均值进行计算,得到了 2013 年深圳市大气污染物质量浓度的年统计情况,同时包括了全年各污染物的超标天数,如表 3-1 所示。

表 3-1　深圳市 2013 年空气污染物年均浓度以及浓度限值

污染物	年均值	年均浓度限值	日均浓度限值	超标天数(d)
$SO_2(\mu g/m^3)$	13	20	60	150	0
$NO_2(\mu g/m^3)$	39	40	40	80	6
$CO(mg/m^3)$	1.18		4		0
$O_3(8\ h)(\mu g/m^3)$	70		160		21
$PM_{10}(\mu g/m^3)$	85	40	70	150	13
$PM_{2.5}(\mu g/m^3)$	43	15	35	75	44

由表 3-1 可以看出,深圳市 2013 年整体大气污染状况良好,SO_2 和 NO_2 两种污染物的年均浓度分别为 13 $\mu g/m^3$ 和 39 $\mu g/m^3$,均达到国家环境空气质量一级标准,CO 和 O_3 两种污染物没有明确规定年均浓度限值,全年的平均浓度分别为 1.18 mg/m^3 和 70 $\mu g/m^3$。颗粒污染物 PM_{10} 和 $PM_{2.5}$ 的年均浓度分别为 85 $\mu g/m^3$ 和 43 $\mu g/m^3$,略微超过国家环境空气质量二级标准,是深圳市 2013 年的主要空气污染物。从各种空气污染物的日均浓度来看,SO_2、CO 的日均浓度在全年期间均低于国家标准的日均浓度最高限值;对 NO_2 的统计结果显示,其日均浓度波动范围在 14 $\mu g/m^3$ 到 105 $\mu g/m^3$ 之间,如图 3-1 所示,有 6 d 超出国家标准的日均浓度限值,超标率约为 2%,其中超标天数多集中在冬季和春季;对 O_3 的日均浓度统计结果显示,其波动范围为 19～207 $\mu g/m^3$,有 21 d 超出国家标准的日均浓度限值,超标率约为 6%,其中超标天数多集中在秋季的 9、10 月;对颗粒污染物统计结果显示,PM_{10} 和 $PM_{2.5}$ 的日均浓度波动范围分别为 18～189 $\mu g/m^3$ 和 10～136 $\mu g/m^3$,如图 3-2 所示,相应有 13 d 和 44 d 超出国家标准的日均浓度最高限值,超标率分别为 4% 和 12%,其中超标天数多集中在秋、冬两季。总的来说,在大气污染问题严重的大环境下,2013 年深圳市的空气污染物

浓度处于较低的污染水平。同时间段内,广州市的年均 $PM_{2.5}$ 浓度为 53 $\mu g/m^3$,北京市的年均 $PM_{2.5}$ 浓度为 87.81 $\mu g/m^3$,上海市的年均 $PM_{2.5}$ 浓度为 103.07 $\mu g/m^3$(浦东新区为 62.25 $\mu g/m^3$),南京市的年均 $PM_{2.5}$ 浓度为 114.88 $\mu g/m^3$。2013 年深圳市 CO 与 SO_2 浓度的全年变化曲线如图 3-3 所示。

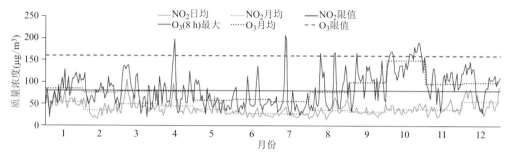

图 3-1　2013 年深圳市 NO_2 与 O_3 浓度的全年变化曲线

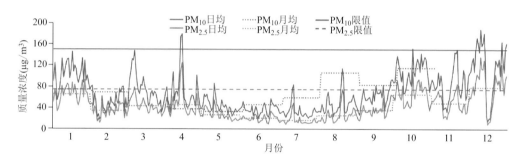

图 3-2　2013 年深圳市 PM_{10} 与 $PM_{2.5}$ 浓度的全年变化曲线

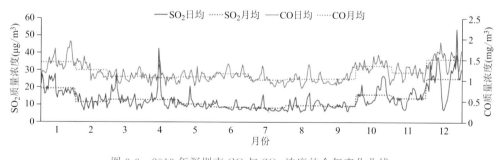

图 3-3　2013 年深圳市 CO 与 SO_2 浓度的全年变化曲线

　　为了了解深圳市 2013 年空气污染物质量浓度的季节变化情况,本研究对 6 种污染物质量浓度的月均值和季均值进行计算,得到了深圳市污染物质量浓度的月变化情况,如表 3-2 所示。为了更方便观察 6 种污染物浓度不同月份和季节的变化规律,本研究对 6 种污染物浓度的均值做了归一化处理,得到如图 3-4 所示的变化曲线。

从整体的季节变化趋势来看,颗粒物呈现冬季＞秋季＞春季＞夏季的污染水平,秋季和冬季污染程度相对较严重,其中 10 月和 12 月的颗粒污染物有明显的加重趋势,次月污染物浓度又明显降低。对于气态污染物,SO_2 呈现冬季＞秋季＞春季＞夏季的污染水平,冬季质量浓度略微高于其余 3 个季节,整体均维持在较低水平;NO_2 呈现冬季＞春季＞秋季＞夏季的污染水平,冬季和春季质量浓度较高,夏季和秋季质量浓度则维持在较低水平;CO 呈现冬季＞秋季＞春季＞夏季的污染水平,与 SO_2 类似,除了冬季质量浓度略微高于其余 3 个季节,全年均维持在较低水平;O_3 呈现秋季＞冬季＞春季＞夏季的污染水平,秋季质量浓度最高,污染水平较为严重。综上所述,颗粒污染物和氮氧化物的季节变化趋势相同,污染水平在冬、秋季节大于春、夏季节;CO 与 SO_2 的季节变化趋势相同,全年均维持在较低污染水平,冬季略微高于其余 3 个季节;O_3 与其他污染物均不相同,在秋季达到全年污染最高水平。由图 3-4 可以看出,6 种污染物均在 10 月和 12 月出现峰值,可以判断出深圳市 2013 年 10 月和 12 月为空气污染最为严重的两个月。

表 3-2　深圳市 2013 年大气污染物月均值与季均值

季节	月份	SO_2 ($\mu g/m^3$)	NO_2 ($\mu g/m^3$)	CO (mg/m^3)	O_3(8 h) ($\mu g/m^3$)	PM_{10} ($\mu g/m^3$)	$PM_{2.5}$ ($\mu g/m^3$)
春	3	13.04	49.61	1.09	78.48	76.39	43.47
	4	12.85	44.04	1.06	78.37	71.24	46.26
	5	10.19	36.95	1.08	57.35	44.20	26.82
	均值	12.03	43.53	1.08	71.40	63.94	38.85
夏	6	8.67	27.43	1.16	60.06	38.07	20.70
	7	8.16	26.21	1.01	55.00	33.50	16.88
	8	9.61	35.03	1.03	76.91	47.02	25.91
	均值	8.81	29.56	1.07	63.99	39.53	21.17
秋	9	9.20	31.75	1.04	99.16	59.95	36.00
	10	15.97	37.34	1.35	149.26	106.58	65.84
	11	13.81	37.09	1.19	96.50	83.65	49.20
	均值	13.00	35.39	1.19	114.97	83.40	50.35
冬	12	25.21	55.29	1.50	99.01	116.04	78.93
	1	19.35	53.67	1.44	84.42	103.66	65.80
	2	11.51	35.20	1.24	75.38	51.79	34.70
	均值	18.69	48.05	1.40	86.27	90.50	59.81

污染物的季均浓度可以在一定程度上反映该季节污染物浓度的平均水平,但不够全面。因此,本章继续用分位值法对 4 种污染程度较高的污染物进行了更全面的统计分析,即计算出各个季节污染物日均浓度的最小值、四分之一分位值、中位数、四分之三分位值以及最大值,以此表现各个季节污染物浓度的变化情况,如图 3-5 所示。

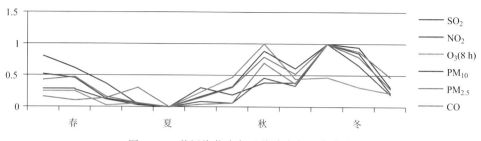

图 3-4　6 种污染物全年日均浓度归一化曲线

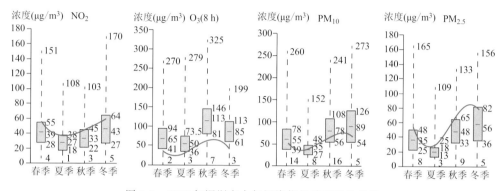

图 3-5　2013 年深圳市大气污染物的季节变化趋势

NO_2 的最高日均浓度出现在冬季,即 NO_2 平均浓度最高的季节。同时可以发现,NO_2 四季的日均浓度的平均值均明显高于其中位数值,说明全年中 NO_2 日均浓度相对较高的天数较多。O_3 的最高浓度出现在秋季,也是 O_3 平均污染水平最高的季节。然而 O_3 四季日均浓度的平均值均明显低于其中位数值,说明全年 O_3 日均浓度相对较低的天数较多。颗粒污染物的最高日均浓度出现在冬季,然后春季的最高日均浓度也相对较高。其中,$PM_{2.5}$ 四季的日均浓度的平均值也均明显高于其中位数值,可以看出全年中 $PM_{2.5}$ 日均浓度相对较高的天数也较多。

3.2　深圳市大气环境质量的综合评价

在分析了 2013 年深圳市的 6 种主要大气污染物的统计特征与季节变化规律后,需要对深圳市全年的整体大气环境质量进行了解。本节借助了空气质量指数并按照 2012 年国家实施的空气质量评价标准对 2013 年深圳市的整体大气环境质量进行了多方面的综合评价分析。

3.2.1　空气质量指数的计算与意义

目前,国内外普遍应用的空气质量指数计算方法基本一致,空气质量指数与各污染物浓度呈分段线性函数对应关系,用内插法计算各污染物的分指数 I_n,最终的空气质量指数是取各项污染物分指数中最大值,所对应的污染物即为该区域当日的首要污染物。当 AQI 值小于 50 时,不需要报告首要污染物。AQI 评价主要突出单项污染指标的作用,即空气质量级别取决于某一污染物浓度对应的空气质量分指数($IAQI$)。对于某一污染项目 P,其质量浓度 C_P 对应的空气质量分指数 I_p 计算公式如下:

$$I_P = \frac{I_{Ph} - I_{Pl}}{C_{Ph} - C_{Pl}}(C_P - C_{Pl}) + I_{Pl} \tag{3-1}$$

式中,C_{ph} 和 C_{pl} 分别为与 C_p 相近的污染物浓度限值的高位值和低位值;I_{ph} 和 I_{pl} 分别为与 C_{ph} 和 C_{pl} 对应的 $IAQI$ 值。AQI 可根据式(3-2)确定。

$$AQI = \max\{IAQI_1,\ IAQI_2,\ IAQI_3,\ \cdots,\ IAQI_n\} \tag{3-2}$$

当 AQI 大于 50 时,$IAQI$ 最大的污染物为首要污染物;若出现两项或两项以上 $IAQI$ 最大的污染物,则并列为首要污染物;当 $IAQI$ 大于 100 时,其对应污染物列为超标污染物。通常情况下,AQI 评价结果包含的内容有评价时段、监测点位、污染物质量浓度、空气质量分指数和空气质量指数、首要污染物和空气质量级别。该方法通过分级来评判空气质量,适用于直观判定空气质量对人体健康的影响。

空气污染指数为 0~50,空气质量级别为一级,空气质量状况属于优。此时,空气质量令人满意,基本无空气污染,各类人群可正常活动。空气污染指数为 51~100,空气质量级别为二级,空气质量状况属于良。此时空气质量可接受,但某些污染物可能对极少数异常敏感人群健康有较弱影响,建议极少数异常敏感人群应减少户外活动。空气污染指数为 101~150,空气质量级别为三级,空气质量状况属于轻度污染。此时,易感人群症状有轻度加剧,健康人群出现刺激症状。建议儿童和老年人及心脏病、呼吸系统疾病患者应减少长时间、高强度的户外锻炼。空气污染指数为 151~200,空气质量级别为四级,空气质量状况属于中度污染。此时,进一步加剧易感人群症状,可能对健康人群心脏、呼吸系统有影响,建议疾病患者避免长时间、高强度的户外锻炼,一般人群适量减少户外运动。空气污染指数为 201~300,空气质量级别为五级,空气质量状况属于重度污染。此时,心脏病和肺病患者症状显著加剧,运动耐受力降低,健康人群普遍出现症状,建议儿童与老年人和心脏病、肺病患者应停留在室内,停止户外运动,一般人群减少户外运动。空气污染指数大于 300,空气质量级别为六级,空气质量状况属于严重污染。此时,健康人群运动耐受力降低,有明显强烈症状,提前出现某些疾病,建议儿童、老年人和病人应当留在室内,避免体力消耗,一般人群应避免户外活动。

3.2.2　深圳市空气质量指数的计算与应用

在完成对单一污染物的年均污染水平和季均变化规律的分析后,本章继而采用 AQI 指数对 2013 年深圳市整体大气环境质量进行综合评价。根据 AQI 计算公式求得深圳市 2013 年各月份空气污染物对应的空气质量分指数($IAQI$)以及相应月份的空气质量指数(AQI),如表 3-3 所示。依据国家规定的标准等级(附录 1),AQI 值在 0~50,空气质量属于一级,类别为优,空气质量令人满意,基本无空气污染,表 3-3 显示深圳市 2013 年 5—8 月的空气质量均为一级,基本无空气污染。AQI 值在 51~100,空气质量属于二级,类别为良,空气质量可接受且 $IAQI$ 最大的污染物为首要污染物。由表 3-3 可以看出,春、秋、冬季(12 月除外)均有轻微污染,且首要污染物主要为 PM_{10} 和 $PM_{2.5}$,10 月的首要污染物为 O_3。12 月的 AQI 值超过 100,空气质量属于三级,空气轻度污染,首要污染物为 $PM_{2.5}$。基于各污染物四季的空气质量分指数均值,生成了各季空气污染物构成图,如图 3-6 所示,可以更直观地看出,深圳市 2013 年主要的空气污染物为颗粒污染物,并且冬季颗粒污染物中 $PM_{2.5}$ 的比重大于夏季。有研究表明,颗粒污染物中 $PM_{2.5}$ 所占比重越大,空气污染程度越严重[90.91]。

表 3-3 2013 年深圳市月均 AQI 与 $IAQI$

季节	月份	AQI	$I\text{-}SO_2$	$I\text{-}NO_2$	$I\text{-}CO$	$I\text{-}O_3$	$I\text{-}PM_{10}$	$I\text{-}PM_{2.5}$
春季	3	63	13	62	27	39	63	61
	4	64	13	55	27	39	61	64
	5	46	10	46	27	29	44	38
夏季	6	38	9	34	29	30	38	30
	7	34	8	33	25	28	34	24
	8	47	10	44	26	38	47	37
秋季	9	55	9	40	26	50	55	51
	10	91	16	47	34	91	78	89
	11	68	14	46	30	48	67	68
冬季	12	105	25	69	38	50	83	105
	1	89	19	67	36	42	77	89
	2	51	12	44	31	38	51	50

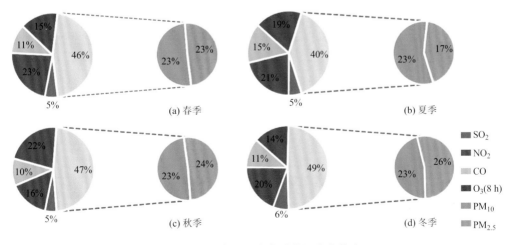

图 3-6 2013 年深圳市各季节污染物构成

3.3　2013年深圳市大气污染物浓度的时空模拟

本节对深圳市2013年大气污染物的年均、季均以及日均浓度进行了分尺度的时空模拟,并依次展示了6种大气污染物年均浓度以及季均浓度的空间分布模拟结果。由于篇幅有限,对各污染物日均浓度的空间模拟结果没有逐日进行展示,其模拟结果仅以数值的形式参与到之后的数据分析中。

3.3.1　大气污染物浓度的模拟方法

克里金插值是地理统计学中的重要方法之一,是法国地统计学家Matheron提出的,为纪念南非矿业工程师Krige D G在1951年首次将统计技术运用到地矿评价[113]。克里金插值法是建立在变异函数的理论及结构分析基础之上,有限区域内对区域化的变量进行无偏、最优的估值。克里金插值法假定采样点之间的距离或方向可反映表面变化的空间相关性,可将数学函数与指定数量的点或指定半径内的所有点进行拟合,以确定每个位置的输出值。

克里金插值的具体步骤如下。

① 创建变异函数和协方差函数,以估算取决于自相关模型(拟合模型)的统计相关性值。

当一个变量呈空间分布,变化量$Z(x)$反映了空间模拟各种属性的分布特征。用来描述区域化变量之间的变异,区域化变量$Z(x)$在点X和$x+h$处的值$Z(x)$与$Z(x+h)$仅与两点间的相对距离有关。协方差函数公式如下:

$$\text{Cov}[Z(x), Z(x+h)] = E[Z(x)Z(x+h)] - E[Z(x)]E[Z(x+h)]$$
$$= \text{Cov}(h) \tag{3-3}$$

区域变化量$Z(x)$在点X和$x+h$处的值$Z(x)$在X轴方向上的变异函数,记为$r(h)$,即$r(h) = \frac{1}{2}\text{Var}[Z(x) - Z(x+h)]$在满足二阶平稳假设的条件下,$r(h) = \frac{1}{2}\text{Var}[Z(x) - Z(x+h)] = \frac{1}{2}E[Z(x) - Z(x+h)]^2$

然后根据经验半变异函数的组成点拟合模型,如图3-7所示。半变异函数建模是空间描述和空间预测之间的关键步骤。克里金法的主要应用是预测未采样位置处的属性值。经验半变异函数可提供有关数据集的空间自相关的信息,但不能提供所有可能的方向与距离的信息。因此,为确保克里金法预测的克里金法方差为正值,根据经验半变异函数拟合模型十分关键。

根据经验半变异函数拟合模型,选择用作模型的函数。经验半变异函数上的点与模型有一定偏差,一些点在模型曲线上方,一些点在模型曲线下方。可以从中选择用于经验半变异函数建模的函数:圆、球面、指数、高斯和线性函数。

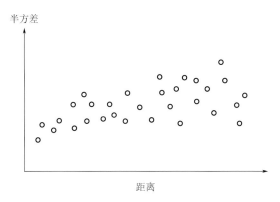

图 3-7 经验半变异函数示例

模型首次呈现水平状态的距离为变程。比该变程近的距离分隔的样本位置与空间自相关,而距离远于该变程的样本位置不与空间自相关,如图 3-8 所示。

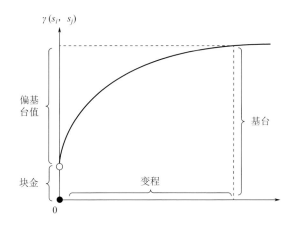

图 3-8 经验半变异函数模型的参数(块金、基台和变程)

半变异函数模型在变程处所获得的值(y 轴值)称为基台,偏基台等于基台减去块金。所选模型会影响未知值的预测,尤其是当接近原点的曲线形状明显不同时。接近原点处的曲线越陡,最接近的相邻元素对预测的影响就越大。这样,输出曲面将更不平滑。每个模型都用于更准确地拟合不同种类的现象。

块金效应可以归因于小于采样间隔距离处的空间变化源或测量误差。由于测量设备存在固有误差,因此会有测量误差。自然现象可随比例范围变化而产生空间变化。小于样本距离的微刻度变化将表现为块金效应的一部分。

② 预测找到数据中的相关性或自相关性并完成首次数据应用后,使用拟合的模型进行预测,此后将撇开经验半变异函数。

普通克里金法是最普通和广泛使用的克里金方法,是一种默认方法。泛克里金法假定数据中存在覆盖趋势。该多项式会从原始测量点扣除,自相关会通过随机误差建模。通过随机误差拟合模型后,在进行预测前,多项式会被添加回预测得出有意义的结果。

本章利用最大似然估计对半变异函数的参数进行估计,并将参数代入克里金函数,并将 DEM 代入泛克里金模型中,作为空间相关变量,得到泛克里金模型。最终通过模型验证得到模型的表现。

3.3.2　大气污染物浓度模拟方法的检验

本章采用常用的模型检验方法——交叉验证法(Cross-Validation,CV)。交叉验证是一种用于评价统计分析结果是否可推广到一个独立的数据集上的技术,该理论是由 Seymour Geisser 提出的。该方法是一种将数据样本切割成较小子集的统计学方法,主要用于估计预测模型在实际应用中的准确度。它将一个验证样本数据集分成两个互补的子集,一个用于训练模型,称为训练集;另一个用于验证模型分析的有效性,称为测试集。利用测试集来测试训练得到的模型,并以此作为模型的性能指标。为了减弱交叉验证结果的可变性,会对一个样本数据集进行多次不同分组,得到不同的互补子集,进行多次交叉验证,最终取多次验证的平均值作为验证结果。

在给定的建模样本中,拿出大部分样本进行建模,留出一小部分样本用建成模型进行预测,并求出该小部分样本的预测误差,记录误差的平方加和。重复该过程,直到所有样本都被且仅被预测一次,得到每个样本的预测误差平方和。

在偏最小二乘法回归模型中,用交叉验证的目的是为了得到可靠稳定的模型。用交叉验证法校验每个主成分下的误差值,选择误差值小的主成分数。

本章采用留一交叉验证法(Leave-One-Out Cross Validation,LOO-CV)。假设原始数据有 n 个样本,将每个样本单独作为验证集,其余的 $n-1$ 个样本作为训练集,所以会得到 n 个模型,用这 n 个模型最终验证集的分类准确率均值作为此下 LOO-CV 分类器的性能指标。该验证方法的优点:①每一回合中几乎所有的样本皆用于训练模型,因此最接近原始样本的分布,这样评估所得的结果比较可靠;②实验过程中没有随机因素会影响实验数据,确保实验过程是可以被复制的。通过每一个提取的点验证,最后将每次所得的模型误差求和,算取预测误差平方根(root mean square error prediction,RMSEP),见下式:

$$RMSEP = \sqrt{\frac{\sum (y_{ij} - \hat{y}_{ij}(h))^2}{n}} \quad (i=1, 2, \cdots, n; j=1, 2, \cdots, p) \quad (3\text{-}4)$$

由此可知,$RMSEP$ 值越小,则模型的预测准确度越高。本章通过 $RMSEP$ 求取 R^2 来直观描述模型的评估结果:

$$R^2 = 1 - \frac{RMSEP}{\text{Var}(观测值)} \quad (3\text{-}5)$$

即 R^2 值越高,模型的准确度越高。

3.3.3　深圳市大气污染物浓度的模拟结果

3.3.3.1　污染物年均空间分布

　　利用深圳市 2013 年 19 个监测站点 6 种污染物的年均浓度来进行空间插值计算,使用克里金插值方法并在 ArcMap 软件里进行可视化展示,如图 3-9 所示。从各污染物年均浓度空间分布图来看,颗粒污染物($PM_{2.5}$ 和 PM_{10})和 SO_2 在空间分布上基本一致,呈西北高、东南低的分布特点,北部的光明新区、宝安区、龙华新区以及龙岗区北部的年均浓度值较高,南部的南山区、福田区、罗湖区、盐田区、坪山新区、大鹏新区的年均浓度值较低。NO_2 的年均浓度从空间上呈由西南向东北递减的规律,南山区的年均浓度值最高,宝安区、福田区、罗湖区的年均浓度值次之,光明新区、龙华

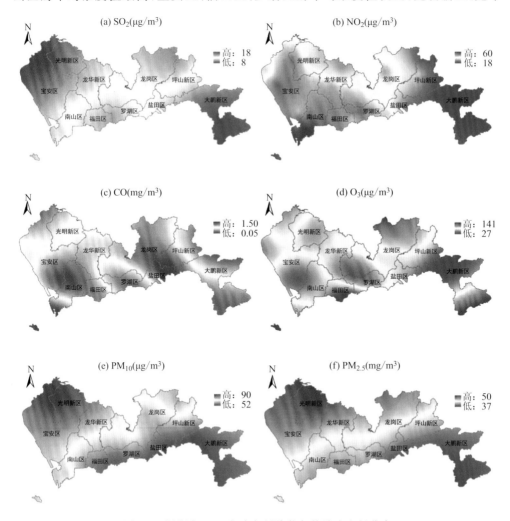

图 3-9　深圳市 2013 年大气污染物年均浓度空间分布

新区、龙岗区和盐田区的年均浓度值相对较低,坪山新区、大鹏新区的年均浓度值最低。CO 和 O_3 的年均浓度在某些区域呈现负相关的趋势特点,例如,CO 年均浓度值最高的南山区、宝安区南部、盐田区和坪山新区南部等地则有相对较低的 O_3 年均浓度值,CO 年均浓度值相对较低的罗湖区、龙岗区南部则有相对较高的 O_3 年均浓度值,然而某些区域如光明新区、龙华新区、龙岗区北部和大鹏新区南部,则一致呈现出 CO 和 O_3 年均浓度均相对较高的特征。综上所述,对颗粒污染物而言,深圳市 2013 年年均浓度呈现西北高、东南低的特点;对气态污染物而言,SO_2 年均浓度呈现自西北向东南递减的特点,NO_2 年均浓度呈现自西南向东北递减的特点,CO 和 O_3 则无明显的空间规律。

3.3.3.2 污染物空间分布的季节变化趋势

对各污染物年均浓度值进行分析只能了解到深圳市 2013 年各污染物的整体污染格局与污染水平,深圳市处于亚热带季风气候带,四季的气候变化较为明显,而大气污染物的分布格局与污染水平在很大程度上与气候相关,因此需要进一步探讨各个季节污染物浓度的空间分布格局以及变化趋势。本研究进而以季节为时间统计单位,计算并生成了 6 种污染物季均浓度的空间分布,如图 3-10~图 3-15 所示。

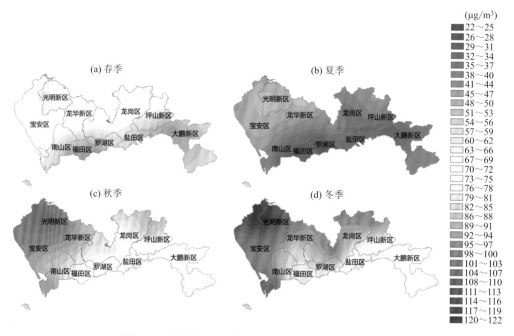

图 3-10 深圳市 2013 年 PM_{10} 季节平均浓度空间分布

对颗粒污染物而言,四季浓度的空间分布格局基本一致,均为西北高、东南低;从季均浓度的整体变化趋势来看,冬季整体浓度最高,夏季整体浓度最低,呈现出冬季>秋季>春季>夏季的变化趋势,与 3.2 节中的统计分析结果一致。

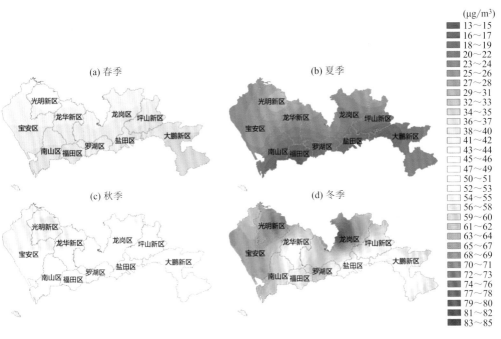

图 3-11 深圳市 2013 年 PM$_{2.5}$ 季节平均浓度空间分布

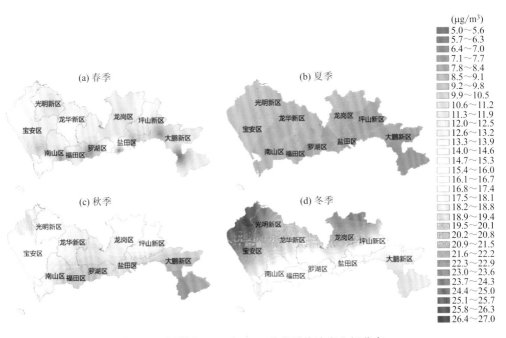

图 3-12 深圳市 2013 年 SO$_2$ 季节平均浓度空间分布

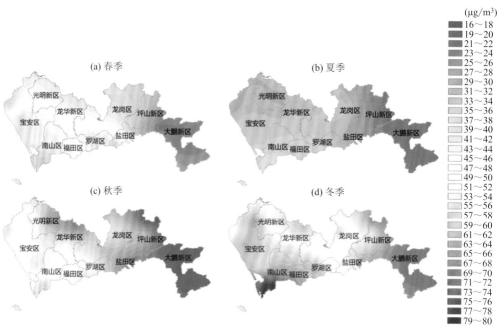

图 3-13　深圳市 2013 年 NO₂ 季节平均浓度空间分布

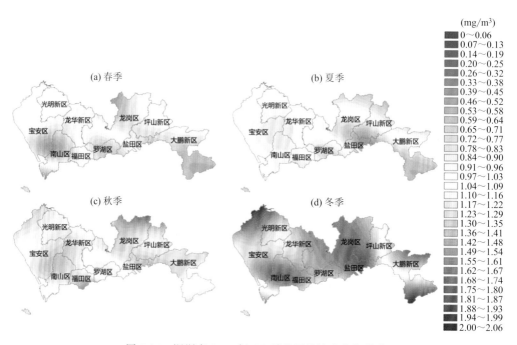

图 3-14　深圳市 2013 年 CO 季节平均浓度空间分布

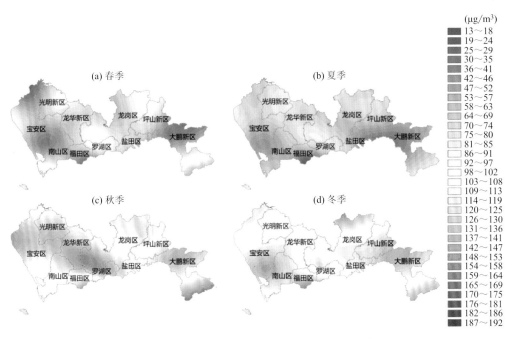

图 3-15 深圳市 2013 年 O_3 季节平均浓度空间分布

对气态污染物而言,与颗粒污染物的四季空间分布规律不同,各个季节的平均浓度空间分布规律存在差异。对 SO_2 的四季季均浓度分布图进行比较可以发现,春季的高浓度明显出现在盐田区,因为该地区与周围区域差异过于明显,可能是由非自然因素导致的,同时龙华新区、宝安区、南山区等地区也略高于其他地区;夏季各地区浓度分布较均匀,且浓度均较低;秋季的高浓度则出现在西北部的光明新区和宝安区以及坪山新区和龙岗区的北部,并向周围地区递减;冬季在秋季的基础上浓度普遍上升,并呈现与其一致的由北部的光明新区和宝安区以及坪山新区和龙岗区的北部向周围递减的趋势。从总体空间分布来看,SO_2 的季节浓度变化同样与 3.2 节统计数据显示的冬季>秋季>春季>夏季的结论一致,春季、夏季 SO_2 季均浓度在空间上分布较均匀,秋季、冬季则呈现自西北向东南递减的特点,与 SO_2 年均浓度分布特点一致。

对 NO_2 的四季季均浓度分布图进行比较可以发现,春季和冬季明显呈现出由西南向东北依次递减的趋势,冬季高值区的浓度较高于春季高值区的浓度;夏季由于各地区浓度普遍偏低,呈现轻微由西南向东北依次递减的趋势;秋季高浓度地区出现在宝安区北部以及南山区南部,且向周围和东北方向递减。虽然秋季的分布特征较其他季节略微存在差异,但总体上也符合由西南向东北依次递减的趋势。从总体空间分布来看,NO_2 的季节浓度变化显示出冬季>春季>秋季>夏季的规律,四季也均呈现由西南向东北依次递减的特点,与 NO_2 年均浓度分布特点一致。CO 和 O_3 的四季变化差异明显,无明显规律可循。

3.4 深圳市大气污染物浓度的时空格局分析

3.4.1 基于 Moran's I 指数的污染物空间自相关分析

3.4.1.1 Moran's I 指数的计算

空间自相关是一种基于地理学第一定律的空间分析方法,主要用于分析研究区域内某种现象的观测值之间潜在的依赖性或者联系的紧密性[92]。地理学第一定律认为地理事物或属性在空间分布上是互为相关的并且这种相关随着距离的增大而减弱,空间分布存在集聚(clustering)、随机(random)、规则(regularity)3 种分布类型。空间自相关的程度可以使用 Moran's I 指数进行衡量[93,94]。Moran's I 指数包括全局 Moran's I 指数(Global Moran's I,GMI)与局部 Moran's I 指数(Local Moran's I,LMI)[95]。GMI 是对研究区域某属性的空间自相关程度进行一个整体的综合评估,即分析其全局的空间格局属于哪一种分布类型;LMI 则可以分析各区域局部的空间自相关程度,即可以探测各区域属性的聚集模式,常见的模式有“高—高”聚集(热点区域)与“低—低”聚集(冷点区域)。由于大气活动在空间上具有显著相关的特点,空间自相关常被用于分析地理和大气要素空间集聚和变化趋势,为探索变量的时空集聚与演变规律提供参考依据。该模型已被成功用于分析国内重点城市和珠三角等地区的 $PM_{2.5}$ 空间格局[78,96-98],并得出 $PM_{2.5}$ 具有显著的空间自相关特性。可见,空间自相关可以解释大气污染物的多尺度时空演变规律,并有效提取相关的热点区域。

Moran's I 指数可分为全局自相关和局部自相关两种情况。全局 Moran's I 指数的计算公式如下:

$$I = \frac{n}{S_0} \times \frac{\sum_{i=1}^{n} \sum_{j=1}^{n} w_{ij} (x_i - \overline{x})(x_j - \overline{x})}{\sum_{i=1}^{n} (x_i - \overline{x})^2} \tag{3-6}$$

式中:x_i 是 i 的属性;$\overline{x}$ 是其平均值;$S_0 = \sum_{i=1}^{n} \sum_{j=1}^{n} w_{ij}$;$w_{ij}$ 为空间权重矩阵,本节取相邻单元为 1,其余为 0。Moran's I 指数的取值区间为 $[-1,1]$。小于 0 表示负相关,等于 0 表示不相关,大于 0 表示正相关。

对于 Moran's I 指数,可以用标准化统计量 Z 检验是否存在空间自相关关系。标准化统计量 Z 检验的计算公式为:

$$Z_I = \frac{I - E(I)}{SD(I)} \tag{3-7}$$

式中:$E(I) = -1/(n-1)$,$SD(I)$ 代表 I 的标准差。

在 0.05 的显著水平下,$Z(I) > 1.96$,表示污染物浓度空间单元之间存在着正的空间自相关,即相似的高值或低值存在空间聚集;$-1.96 < Z(I) < 1.96$,表示污染物浓度空间相关性不明显;若 $Z(I) < -1.96$,表示污染物浓度空间单元分布存在负相关,属性值趋于分散分布。

局部空间自相关用以确定污染物空间聚集的具体位置。局部 Moran's I 指数的计算公式为:

$$I_i = \frac{(x_i - \overline{x})}{S_i^2} \sum_{j=1, \, j \neq i}^{n} w_{ij}(x_j - \overline{x}) \tag{3-8}$$

式中:x_i 是 i 的属性;$\overline{x}$ 是其平均值;w_{ij} 是空间权重矩阵;$S_i^2 = \sum\limits_{j=1, \, j \neq i}^{n} w_{ij}/(n-1) - \overline{x}^2$。

局部 Moran's I 指数检验的标准化统计量计算公式同式(3-8),其中,

$$E(I) = -\sum_{j=1, \, j \neq i}^{n} w_{ij}/(n-1) \tag{3-9}$$

在 0.05 的显著水平下,若 $Z > 1.96$ 且该单元与其邻近单元污染物浓度均高于平均值,称之为"热区"(hot spot);若 $Z > 1.96$ 且该单元与其邻近单元在该年度的火灾发生率都低于平均值,则为"冷区"(cold spot)。若 $Z < -1.96$ 则表示存在空间负相关,即高污染物浓度单元被低污染物浓度单元所环绕的"高—低关联"(high-low),以及低污染物浓度单元被高污染物浓度单元环绕的"低—高关联"(low-high)。当 $Z = 0$ 时,观测值呈独立的随机分布。一般来讲,Z 大于 1.96 就是显著,大于 2.58 为极其显著。

3.4.1.2 污染物空间自相关分析结果

本研究利用 ArcGIS 软件的空间分析工具对污染物浓度数据进行空间自相关性分析。首先根据各污染物浓度的日均值求得深圳市各污染物的季节平均浓度,并计算了各个季节各污染物浓度的全局 Moran's I 指数。从全局指数来判断,2013 年深圳市各污染物浓度存在显著的正空间自相关,即"高—高"集聚或"低—低"集聚。同时,基于深圳市各污染物的季节浓度的空间分布计算了局部 Moran's I 指数,判断出各污染物的重点污染区域,如图 3-16~图 3-21 所示。

对于颗粒污染物来说,PM_{10} 与 $PM_{2.5}$ 的浓度在各个季节表现出相似的空间聚集模式,并且空间分异趋势明显。"高—高"聚集的分布区域主要集中在深圳市的西北部,即光明新区以及宝安区的北部;而"低—低"聚集的分布区域主要集中在深圳市的东南部分,即大鹏新区与盐田区。有关研究表明,颗粒污染物的空间分布主要与当地的排放源、区域间流动以及气象条件有较显著的关联,然而受当地的交通流量影响并不明显[99]。在深圳市的西北地区分布着密集的工业园区,为该区域的颗粒污染物污染提供了大量的局部污染源,因此该地区的颗粒污染物的污染水平较高。考虑到区域间流动以及气象条件,深圳市的北部比南部更容易出现颗粒污染物的聚集。深圳市处于中国大陆的南端,北部与珠三角内陆地区相连接,南部与香港特别行政区和南海相邻。珠三角内陆地区的污染水平近几年随着工业与经济水平的发展愈加严重,该

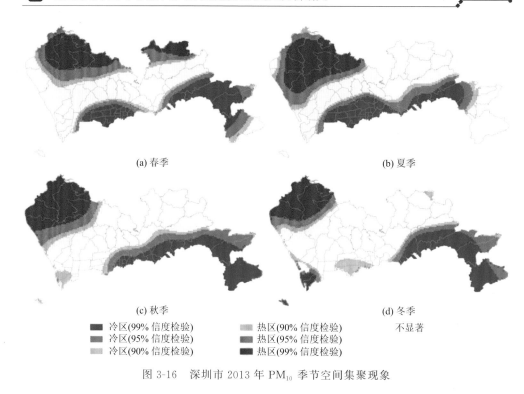

(a) 春季   (b) 夏季

(c) 秋季   (d) 冬季

■ 冷区(99% 信度检验)   ▨ 热区(90% 信度检验)
▨ 冷区(95% 信度检验)   ▨ 热区(95% 信度检验)　　不显著
▨ 冷区(90% 信度检验)   ■ 热区(99% 信度检验)

图 3-16　深圳市 2013 年 PM_{10} 季节空间集聚现象

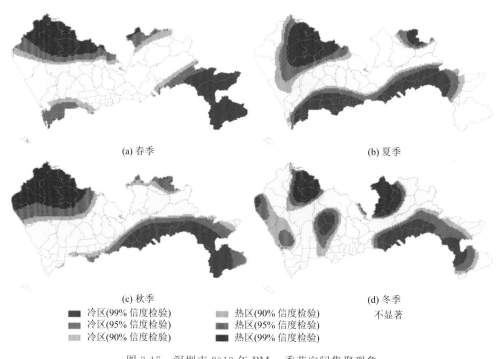

(a) 春季   (b) 夏季

(c) 秋季   (d) 冬季

■ 冷区(99% 信度检验)   ▨ 热区(90% 信度检验)
▨ 冷区(95% 信度检验)   ▨ 热区(95% 信度检验)　　不显著
▨ 冷区(90% 信度检验)   ■ 热区(99% 信度检验)

图 3-17　深圳市 2013 年 $PM_{2.5}$ 季节空间集聚现象

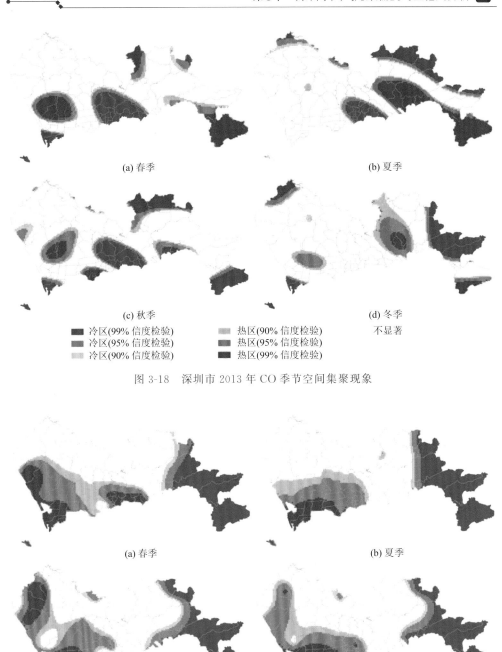

(a) 春季

(b) 夏季

(c) 秋季

(d) 冬季

冷区(99% 信度检验)　　热区(90% 信度检验)　　不显著
冷区(95% 信度检验)　　热区(95% 信度检验)
冷区(90% 信度检验)　　热区(99% 信度检验)

图 3-18　深圳市 2013 年 CO 季节空间集聚现象

(a) 春季

(b) 夏季

(c) 秋季

(d) 冬季

冷区(99% 信度检验)　　热区(90% 信度检验)　　不显著
冷区(95% 信度检验)　　热区(95% 信度检验)
冷区(90% 信度检验)　　热区(99% 信度检验)

图 3-19　深圳市 2013 年 NO_2 季节空间集聚现象

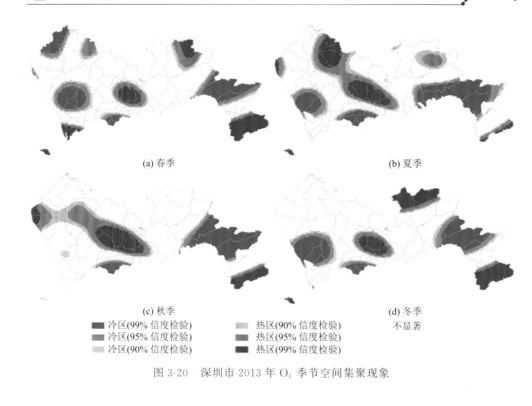

(a) 春季

(b) 夏季

(c) 秋季

(d) 冬季

不显著

冷区(99% 信度检验)　　热区(90% 信度检验)
冷区(95% 信度检验)　　热区(95% 信度检验)
冷区(90% 信度检验)　　热区(99% 信度检验)

图 3-20　深圳市 2013 年 O_3 季节空间集聚现象

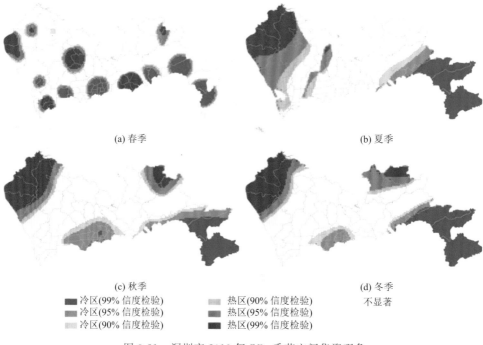

(a) 春季

(b) 夏季

(c) 秋季

(d) 冬季

不显著

冷区(99% 信度检验)　　热区(90% 信度检验)
冷区(95% 信度检验)　　热区(95% 信度检验)
冷区(90% 信度检验)　　热区(99% 信度检验)

图 3-21　深圳市 2013 年 SO_2 季节空间集聚现象

区域的颗粒污染物能够通过区域间的大气流通扩散到深圳市的北部地区,因此也是导致北部地区颗粒污染物浓度较高的一大主要原因;而南部地区由于受到来自海上干净空气气流的影响,颗粒污染物浓度常年处于较低水平。

对于 CO 来说,其季均浓度在大部分区域呈现出的聚集模式较为一致,然而在个别区域会存在显著的季节差异,例如东南角的大鹏新区,该地区在春季、夏季以及冬季均呈现"高—高"聚集模式,而秋季则呈现"低—低"聚集模式;龙岗区的北部,该地区在春季与冬季无明显的自相关模式,夏季呈现出"低—低"聚集模式,而秋季呈现出"高—高"聚集模式。从整体的空间聚集格局来看,CO 的浓度聚集呈现"高—高"聚集与"低—低"聚集交错分布的空间规律,常年出现"高—高"聚集的区域主要是东南部的南山区,常年出现"低—低"聚集的区域主要是中部的罗湖区以及龙岗区的西部。

对于 NO_2 来说,其浓度在各个季节表现出相似的空间聚集模式,并且空间分异趋势明显。"高—高"聚集的分布区域主要集中在深圳市的西南部,即南山区、福田区以及宝安区的南部;而"低—低"聚集的分布区域主要集中在深圳市的东部分,即大鹏新区与坪山新区。相关的研究表明,当地的交通流量对 NO_2 的污染浓度有显著影响[99]。深圳市 NO_2 的"高—高"聚集区域与人口密度较高的区域在空间分布上也较为一致。

对 O_3 来说,其季均浓度在大部分区域呈现出的聚集模式较为一致,此外,"高—高"聚集区域的面积在夏秋季节明显多于春冬季节。O_3 浓度"高—高"聚集的区域主要集中在中部的龙华新区、罗湖区以及东南部的大鹏新区,"低—低"聚集的区域主要集中在福田区以及大鹏新区的北部。

O_3 的浓度主要受到太阳辐射以及地面的暴露程度的影响。近地面的 O_3 通常情况下是来自城市区域的人类活动与工业生产,与大气上层的 O_3 层并不存在显著的关联。相关研究表明,NO_2 与挥发性有机物会发生化学反应能够造成 O_3 浓度的增加,并且该反应多发生在空气潮湿或者阳光直射的条件下。此外,O_3 浓度的高低同样受到颗粒污染物的影响,当遇到没有雾霾的晴天时,由于地面暴露程度较高,因此会导致 O_3 浓度的升高;同理,当遇到颗粒物污染水平较高的天气,阳光会受到悬浮颗粒的吸收与反射,O_3 的浓度则会相应地降低。总而言之,O_3 的空间分布受多方面因素的综合影响,必须根据研究区域的实际情况进行针对性的深入研究。

对 SO_2 来说,尽管 SO_2 的全市平均污染水平较低,2013 年全年均未出现超标现象。然而 SO_2 浓度的空间分布仍呈现出明显的高、低聚集模式。除了春季 SO_2 的聚集模式较为特殊外,其他 3 个季节的 SO_2 浓度的聚集模式较为一致,即"高—高"聚集区域主要集中在深圳西北部以及龙岗区的北部,"低—低"聚集区域主要集中在东南部的大鹏新区以及南部的福田区。城市中 SO_2 主要来源是工厂的废气排放,在深圳西北部的工业密集区,SO_2 的污染水平较高。然而 2013 年春季的 SO_2 平均浓度呈现出多个小范围的"高—高"聚集模式,与其他 3 个季节大不相同,因此推测这是由于当地出现临时污染源而导致的短期性的高浓度污染。

3.4.2　基于空气质量指数的污染物时空格局研究

3.4.2.1　空气质量指数与空气污染物构成的空间分布

为了进一步研究深圳市综合大气环境质量在空间上的特征,本节基于6种大气污染物的空间浓度数据计算了深圳市各区每日的空气质量指数(AQI),并以季节为单位进行均值统计,统计结果如图3-22所示,并生成了深圳市2013年AQI的季节分布图,如图3-23所示。同时,根据各污染物的季均空气质量分指数($IAQI$),模拟了各区域的污染物构成情况。从图3-22可以看出,光明新区、宝安区以及南山区是空气质量指数最高的3个区,图上的橙线代表深圳市整体空气质量指数的年均水平($AQI=66$),以上3个区在春季、秋季以及冬季均超出了全年的平均水平,且冬季尤为突出。

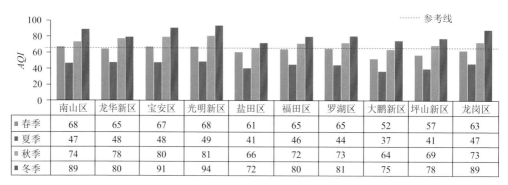

	南山区	龙华新区	宝安区	光明新区	盐田区	福田区	罗湖区	大鹏新区	坪山新区	龙岗区
■ 春季	68	65	67	68	61	65	65	52	57	63
■ 夏季	47	48	48	49	41	46	44	37	41	47
■ 秋季	74	78	80	81	66	72	73	64	69	73
■ 冬季	89	80	91	94	72	80	81	75	78	89

图 3-22　2013年深圳市各区 AQI 季均值

图3-23展示了2013年深圳市各区空气质量的季节平均水平以及各污染物浓度的相对比例。图中底图展示的是深圳市2013年各区的季均空气质量指数,据此可以看出深圳市夏季的空气质量最好,冬季的空气质量最差。这一季节性差异主要归因于深圳市的气候类型。深圳市属于亚热带季风气候,冬季盛行的季风来自于北部内陆,珠三角地区的大气污染物被季风带入深圳市,进而降低了深圳市的大气环境质量;夏季盛行的季风来自于南部海上,海上的洁净空气被季风带入深圳市,对大气环境产生净化作用,进而提高了深圳市的大气环境质量。

图中上层部分展示的是2013年深圳市不同季节各区污染物浓度的相对比例。春季,深圳市大部分区的主要污染物为NO_2和颗粒污染物,然而东部大鹏新区与坪山新区的NO_2比例较低,主要污染物为颗粒污染物。在人口比较密集的地区,例如南山区、福田区、罗湖区,NO_2的污染比例甚至超过了颗粒污染物。夏季,南部地区几个区内的颗粒污染物所占比例较春季显著减少,光明新区、龙华新区以及罗湖区的O_3比例有所增加,NO_2在总污染物中也依旧保持在较高的污染比例。秋季,O_3在总污染物中所占的比例在全市范围内均有明显的增长,其中罗湖区、龙岗区以及龙华新区的增长尤其明显,超过了颗粒污染物所占的比例。南部的南山区、福田区、罗湖区以及盐田区的颗粒污染物的污染比例较夏季明显回升,与春季的比例水平较一致。同时,由于其他几种污染物所占比例的上升,NO_2 在总污染物中所占有的比例有所下降,在大部分区域已不再是主要的大气污染物。因此,秋季深圳市大部分区域的主要污染物为颗粒污染物和 O_3。冬季,全深圳市范围的 O_3 在总污染物中所占的比例均显著减少,颗粒污染物占据了大部分的比例,成为冬季深圳市的首要污染物。此外,在南部的南山区、福田区、罗湖区,随着 O_3 比例的相对减少,NO_2 的比例有所回升,并且基本与颗粒污染物保持在同样的比例水平。

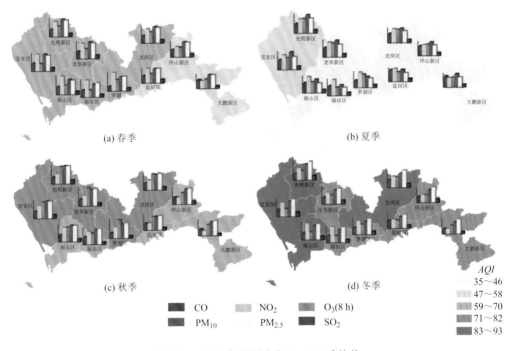

图 3-23　2013 年深圳市各区 AQI 季均值

　　总而言之,2013 年深圳市夏季空气质量较好,其他季节各区的主要大气污染物为颗粒污染物,冬季尤其以 $PM_{2.5}$ 为主;同时南部的人口密集区在春季与冬季会出现较高比例的 NO_2 污染,罗湖区、龙华新区、光明新区以及龙岗区在秋季会出现较高比例的 O_3 污染。

3.4.2.2　不同城市功能区的空气质量指数比较

　　本节主要研究了深圳市不同城市功能区内的空气质量。首先收集了深圳市不同类型的兴趣点(point of interest,POI),并根据不同的属性将其分为工业工厂、风景名胜、交通站点、居民住宅、教育学校、购物商场、公园广场几大类别,如表 3-4 所示,分别代表深圳市的不同功能区。其次将各个兴趣点与污染物数据进行空间匹配,提取各兴趣点所对应位置的污染物平均浓度并计算出相应的空气质量指数,进而以此为依据比较深圳市不同功能区污染物的空气质量状况。

表 3-4　深圳市兴趣点分类

POI 类型	包含区域	个数
工业工厂	工厂、产业园区	3145
风景名胜	国家级景点、省级景点、旅游景点	204
交通站点	机场、火车站、长途汽车站、港口码头	119
居民住宅	住宅小区、别墅区、宿舍区	7648
教育学校	大中小学、幼儿园、职业技术学校、成人教育	1806
购物商场	购物中心、大型商场、步行街、特色商业街	656
公园广场	城市广场、公园	505

2013 年深圳市各功能区的空气质量评价结果如表 3-5 所示。从表中可以看出,深圳市各个功能区的空气质量指数均在 65～70,虽然差距较小,但依然存在较明显的差异规律。空气质量最差的功能区是工业工厂区,其空气质量指数的年均值为 69;其次是交通站点以及购物商场区域,二者的空气质量指数年均值为 68;教育学校区与居民住宅区的空气质量指数处于中间水平,年均值为 67;公园广场以及风景名胜区的空气质量最佳,年均值为 66。然而本节研究采用了兴趣点代表的城市功能区,以点带面估算各区域的污染水平,因此不足以作为深圳市各功能区的标准空气质量指数,仅用于反映各功能区空气质量水平的差异。

表 3-5　城市功能区污染水平统计结果

POI 类型	年均	春季	夏季	秋季	冬季
风景名胜	66	63	44	71	83
公园广场	66	64	45	73	85
居民住宅	67	65	45	73	86
教育学校	67	65	46	73	86
购物商场	68	65	46	74	86
交通站点	68	64	45	73	87
工业工厂	69	64	46	76	87

3.5　深圳市大气污染物与气象关联分析

本节的主要研究内容是关于深圳市大气污染物与气象条件的关联分析。本节研究的气象数据来源于深圳市气象局官方网站,从该网站下载了深圳市 2013 年的历史气象数据,包括风向、风级、降水量等,按照专业的分级标准对各项数据进行了分类,并进一步探讨了各级别气象条件下的污染物浓度差异。

首先,将风级分为0~3级、4级、5级、6级以上4个等级,并分别统计了各等级条件下各大气污染物的平均日均浓度,如表3-6所示。从表中可以看出,除CO之外,其他5种大气污染物浓度均与风级呈现出负相关的联系,即风级越大,污染物浓度越低。由此可以得出,风级对大气污染物的浓度分布有着一定程度的影响。

其次,将日降雨量分为0、0~10 mm、10~25 mm、25~50 mm、50~100 mm 5个等级,分别统计了各降雨等级下大气污染物的平均日均浓度,结果如表3-7所示。从统计结果可以看出,6种大气污染物在有雨天的浓度明显低于无雨天,并且浓度与降雨量级存在一定程度上的负相关。在有雨天且日降雨量小于50 mm的情况下,各大气污染物浓度均随着降雨量级的增加而减少;然而当日降雨量超过50 mm时,即出现暴雨天气,颗粒物与O_3的浓度反而较上一级降雨量有所升高,这一现象可能是由于暴雨天气伴有雷电大风,会产生O_3以及增加大气环境中的悬浮物。

表 3-6 2013 年深圳市各风级下的污染物平均日均浓度($\mu g/m^3$)

风级	SO_2	NO_2	CO	O_3	PM_{10}	$PM_{2.5}$
0~3 级	13	43	1.10	82	64	42
4 级	10	33	1.06	73	55	35
5 级	9	25	0.74	74	53	33
6 级以上	7	24	1.02	72	47	33

表 3-7 2013 年深圳市各降雨量下的污染物平均日均浓度($\mu g/m^3$)

降雨量等级(mm)	SO_2	NO_2	CO	O_3	PM_{10}	$PM_{2.5}$
0	17	51	1.18	103	88	58
0~10	11	38	1.07	80	58	38
10~25	8	37	0.99	49	35	24
25~50	7	36	0.98	38	26	18
50~100	6	35	0.97	50	33	22

最后,本节对风向与大气污染物浓度的空间分布之间的联系进行了研究分析,将风向分为东、南、西、北、东南、西南、东北、西北8个方向,并统计了不同风向以及无风条件下大气污染物平均日均浓度的空间分布情况。

由图3-24可以明显看出,6种大气污染物均在东北风的天气条件下出现了最高的污染物水平,甚至超过了无风天。SO_2浓度在北风、东北风以及无风的情况下处于较高的水平,且高浓度主要集中在西北地区,然而其他风向情况下SO_2浓度均处于较低水平。NO_2在无风的情况下浓度最高,在北风以及东北风的情况下浓度较无风天有所下降,但仍然明显高于其他风向情况下的污染浓度水平。CO在东北风的情况下污染最为严重,在西南风与西北风的情况下也处于较高污染水平。O_3浓度在南边来风的情况下处于较低的水平,然而在北边来风的情况下处于较高水平,两种情况差异相当明显。颗粒污染物在东北风的情况下的污染浓度最高,高于无风天气;在其他风向的情况下,污染水平均低于无风的情况,并且在南边来风的情况下明显优于北边来风的情况。因此,深圳市的风向因素对该市的污染物浓度不仅仅起到疏散的作用,在发生某些风向时会对部分污染物产生加重污染的效果:①风向对 NO_2 仅有疏散效果,说明该污染物的主要污染源均来自于本地排放;②风向对 SO_2 和 O_3 在北风以及东北风的情况下起到加重污染的效果,在其他风向条件下产生疏散效果,说明在深圳市的东北方向存在一定的 SO_2 或 O_3 的污染源;③风向对 CO 在东北风以及西南风的情况下起到加重污染的效果,在其他风向条件下产生疏散效果,说明在深圳市的东北方向存在一定的 CO 排放源;④风向对颗粒污染物在东北风的情况下起到加重污染的效果,在其他风向条件下产生疏散效果,且南边来风的疏散效果明显优于北边来风的疏散效果,说明在深圳市的东北方向存在一定的颗粒物污染源,并且来自北方空气中的颗粒物浓度比来自南方的高。

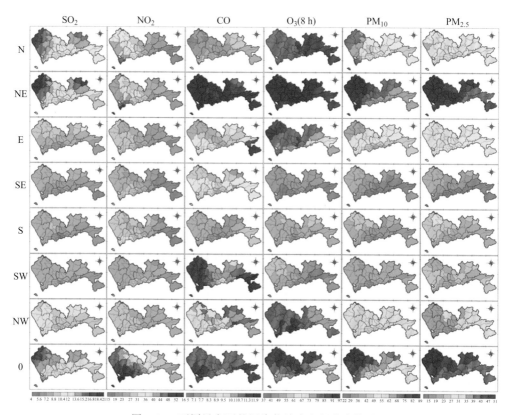

图 3-24　不同风向下的污染物浓度空间分布格局

总而言之,深圳市的降雨与风力条件与 6 种大气污染物的浓度水平有着较显著

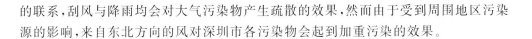

的联系,刮风与降雨均会对大气污染物产生疏散的效果,然而由于受到周围地区污染源的影响,来自东北方向的风对深圳市各污染物会起到加重污染的效果。

3.6 讨论与小结

本章根据 2013 年深圳市 6 种大气污染物的站点监测数据,系统分析了大气污染物的时空分布特征,结果如下。

① 年均统计上,2013 年深圳市的气态污染物年均浓度均达到空气质量一级标准,颗粒污染物年均浓度略微超过国家环境空气质量二级标准。

② 季节变化上,除 O_3 之外的其余 5 种污染物浓度由高到低的季节依次是冬季、秋季、春季和夏季,O_3 由于秋季最高则呈现秋季>冬季>春季>夏季的污染水平。

③ 空间分布上,颗粒污染物和 SO_2 呈现明显的西北向东南递减的分布特征,NO_2 呈现自西南向东北递减的特点,CO 和 O_3 则无明显的空间变化规律。

④ 污染物构成比例上,深圳市全年主要大气污染物为颗粒污染物,冬季尤其以 $PM_{2.5}$ 为主,南部的人口密集区在春季与冬季会出现较高比例的 NO_2 污染,罗湖区、龙华新区、光明新区以及龙岗区在秋季会出现较高比例的 O_3 污染。

⑤ 与气象条件的关联上,6 种大气污染物的浓度水平与深圳市气象条件有着较显著的联系,刮风与降雨均会对大气污染物产生疏散的效果,然而由于受到周围地区污染源的影响,来自东北方向的风对深圳市各污染物会起到加重污染的效果。

本章利用 2013 年深圳市环境保护监测中心监测的 6 种空气污染物浓度数据,针对深圳市 2013 年各空气污染物的基本污染水平、时间分布、空间分布等多个方面展开分析,系统总结深圳市空气污染的各类特征,为更好地开展城市空气污染物预测预报工作,为管理部门提供准确、及时、全面的信息提供参考依据。本研究有助于城市大气环境污染防治相关部门实时动态地把握城市空气质量现状和空间变化情况,客观判断城市各区域大气环境污染状况,方便其进行综合有效治理,为政府部门有的放矢地采取具体决策提供最新信息和科学依据,对保护城市大气环境和保障地区经济社会的可持续发展具有重要意义。同时,将基于地统计学的空间插值方法应用到大气环境污染分析中,可以进一步拓宽空间插值技术的实践应用领域。

第 4 章　深圳市呼吸道疾病的时空统计分析

本章主要对深圳市 2013 年的呼吸道疾病病例进行时间与空间上的统计分析。首先对深圳市 2013 年的呼吸道疾病病例进行分类,按性别分为男女病例两类,按年龄分为儿童(0～14 岁)病例、成年人(15～64 岁)病例以及老年人(65 岁以上)病例 3 个类别,根据致病效应以及患病部位将所有病例数据分为急性上呼吸道病例、急性下呼吸道病例、非急性上呼吸道病例与非急性下呼吸道病例 4 种类别。其次,将呼吸道疾病住院病例按照医院覆盖范围进行了区域划分,分别求得各区域相应的呼吸道疾病住院率,在此基础上比较了深圳市 2013 年全年呼吸道疾病住院率在性别、年龄以及病种上的空间差异。

4.1　2013 年深圳市呼吸道疾病的统计特征

2013 年深圳市呼吸道疾病住院病例共有 111436 例,住院率约为 1.6%。其中男性病例 66861 例,约占总病例的 60%,女性病例 44575 例,约占总病例的 40%。从呼吸道疾病住院病例的年龄构成来看,0～14 岁儿童 77380 例,约占总病例的 69%,15～64 岁成人 22550 例,占总病例的 21%,65 岁以上的老年人 11506 例,约占总病例的 10%。单从病例个数上无法对各人群呼吸道疾病患病住院概率的高低进行比较,因此进一步计算了呼吸道疾病在各人群中的住院率。2013 年,深圳市男性呼吸道疾病的住院率为 1.9%,女性的呼吸道疾病住院率为 1.2%,由此可以得出男性患呼吸道疾病住院的概率高于女性;对不同年龄段来说,在 0～14 岁儿童中呼吸道疾病住院率为 12.69%,在 15～64 岁成人中呼吸道疾病住院率为 0.4%,在 65 岁以上老年人中呼吸道疾病住院率为 12.65%,显而易见,儿童与老年人患呼吸道疾病住院的概率远远高于成年人。2013 年深圳市呼吸道疾病住院病例的性别比例与年龄构成如图 4-1 所示。

2013 年深圳市呼吸道疾病日住院数的变化曲线如图 4-2 所示,从整体趋势来看,深圳市 2013 年呼吸道疾病日住院病例数量在 2 月中旬以及 12 月末有明显的下降趋势,由于 2013 年春节时间为 2 月 9—16 日,据此可推断 2 月住院病例的明显减弱与春节假期有关,同理,12 月末出现的日住院病例明显下降趋势与元旦假期有关。从局部趋势来看,2013 年深圳市日住院病例呈现出周期性的波动,从图中的小图可以看出,波动周期约为 1 周,并且日住院病例数普遍在周一出现峰值。从日均住院病例

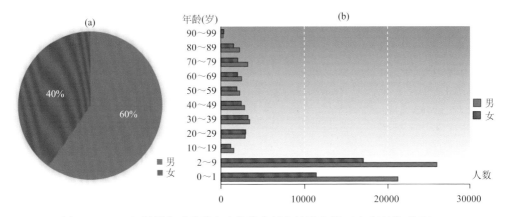

图 4-1 2013 年深圳市呼吸道疾病住院病例的性别比例（a）与年龄构成（b）

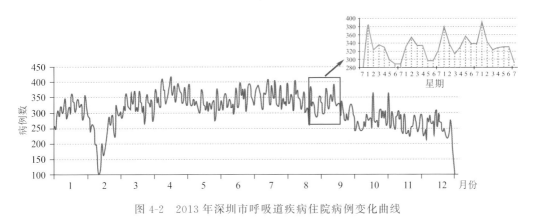

图 4-2 2013 年深圳市呼吸道疾病住院病例变化曲线

数的构成来看，深圳市 2013 年男性病例的全年平均日住院数为每日 188 例，女性病例的全年平均日住院数为每日 125 例；0～14 岁儿童的全年平均日住院病例数为每日 212 例，15～64 岁成年人的全年平均日住院病例数为每日 70 例，65 岁以上老年人全年平均日住院病例数为每日 30 例。

4.2 2013 年深圳市呼吸道疾病的分区统计

在对深圳市 2013 年呼吸道疾病病例进行空间化的过程中，坐标匹配以及街道匹配的结果均损失大量的原始数据，无法保证深圳市呼吸道疾病住院病例数据的完整性。因此，本书最终采用了医院位置作为最终呼吸道疾病住院病例地址匹配的参考依据，进而保证所有病例数据都能成功匹配并获得空间位置信息。本节将全部的病例数据根据其所对应医院的覆盖范围采用泰森多边形进行了划分与统计，分析了2013 年深圳市呼吸道疾病住院病例不同类别构成与其住院率的空间分布特征。

4.2.1 泰森多边形法

泰森多边形法是美国气候学家 Thiessen 提出的一种根据离散分布的气象站降雨量来计算平均降雨量的方法,即将所有相邻气象站连成三角形,做这些三角形各边的垂直平分线,于是每个气象站周围的若干垂直平分线便围成一个多边形。用这个多边形内所包含的一个唯一气象站的降雨强度来表示这个多边形区域内的降雨强度,并称这个多边形为泰森多边形。如图 4-3 所示,其中虚线构成的多边形就是泰森多边形。从几何角度来看,每个区域中任何一点都与本区域内基站间隔最近,可以把这些区域看作是每个基点的覆盖区域。同理,以深圳市各大医院为基点,生成医院的泰森多边形区域,所得区域中的任何一点均与本区域所对应的基点医院间隔距离最近。考虑到泰森多边形的特性,采用医院泰森多边形法必须建立在就近就医的前提条件下。深圳市医院分布较均匀,等级水平也较平均,因此可以看作符合就近就医的前提。

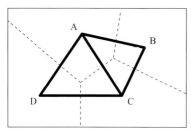

图 4-3　构建泰森多边形的示例

由于数据所涉及的 98 家医院大小等级不一致,若以 98 家医院为基点构建泰森多边形会造成呼吸道疾病病例空间分区结果的不平衡,因此,在生成深圳市医院泰森多边形之前,需要对病例数据所涵盖的 98 家医院进行筛选处理。在处理过程中,删除了全年病例不满足 100 例的小型医院,将其病例记录归并于附近的大型医院;将距离在 500 m 以内的大型医院合并作为一个医院基点,消除小范围内可能造成的偏差。根据以上处理规则最终得出了 27 个医院基点,并以 27 个医院基点构建深圳市医院泰森多边形,如图 4-4 所示,同时对各多边形区域范围内的呼吸道疾病病例进行了统计。

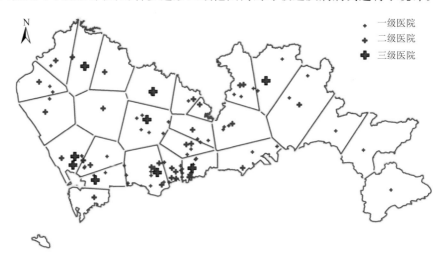

图 4-4　深圳市医院泰森多边形

4.2.2 2013 年深圳市呼吸道疾病住院病例构成的空间分布

本小节从空间上对深圳市医院覆盖区域的呼吸道住院病例进行了分类统计分析,得到了 2013 年深圳市呼吸道疾病住院病例的年龄构成空间分布、性别比例空间分布以及病种分类的空间分布。在制图过程中,采用饼图的表示方法展示各类病例所占的比例,图上饼的大小表示各区呼吸道疾病病例总数占各区人口总数的比值,即各区的呼吸道疾病住院率。从整体的住院率来看,住院率较高的区域主要集中在深圳南部城区、龙岗区北部以及大鹏新区南部。

(1)性别构成的空间分布

图 4-5 展示了 2013 年深圳市呼吸道疾病住院病例男女比例的空间分布,蓝色代表男性,红色代表女性。从全年龄段综合来看,各个区域的男性病例所占比例一致比女性病例高。然而针对各年龄段性别比例的比较可发现,所有区域中男性儿童病例所占比例均比女性儿童所占比例高;在成年病例中,男女比例基本协调平均;而 65 岁以上老年人病例则呈现出一定的空间差异,南部的城区部分均表现出男性病例所占比例高于女性病例,北部区域则表现出男女病例比例较均衡的现象,个别区域甚至出现女性病例所占比例超过男性病例的现象。

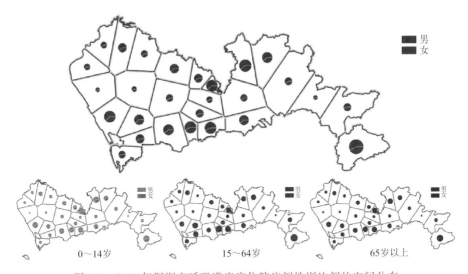

图 4-5 2013 年深圳市呼吸道疾病住院病例性别比例的空间分布

(2)年龄构成的空间分布

图 4-6 展示了 2013 年深圳市呼吸道疾病住院病例年龄构成的空间分布,黄色代表 0～14 岁的儿童,蓝色代表 15～64 岁的成年人,棕色代表 65 岁以上的老年人。从图上可以明显看出,0～14 岁的儿童在全市范围占据了大部分的比例,在南部城区以及大鹏新区,65 岁以上的老年人病例所占比例明显高于其他区域。

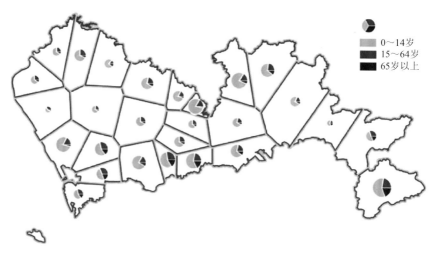

图 4-6　2013 年深圳市呼吸道疾病住院病例年龄构成的空间分布

（3）病种构成的空间分布

图 4-7 展示的是 2013 年深圳市呼吸道疾病住院病例病种分类的空间分布情况，橙色代表非急性上呼吸道疾病，绿色代表非急性下呼吸道疾病，红色代表急性上呼吸道疾病，蓝色代表急性下呼吸道疾病。对于大部分区域来说，非急性下呼吸道疾病在全部呼吸道疾病住院病例中占据了绝大部分比例，其次是急性下呼吸道疾病住院病例和急性上呼吸道疾病住院病例，非急性上呼吸道疾病住院病例则几乎没有。然而，在深圳市的中北部地区即龙岗区的西北部分以及大鹏新区的南部，出现了急性上呼吸道疾病病例所占比例明显过高的现象。

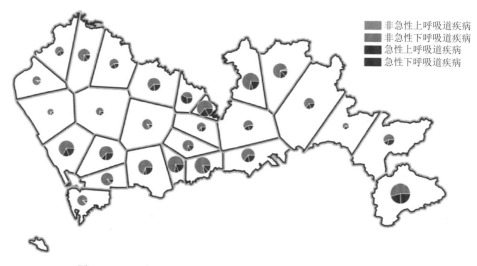

图 4-7　2013 年深圳市呼吸道疾病住院病例病种分类的空间分布

4.2.3　深圳市2013年呼吸道疾病住院率的空间特征

本小节从空间上对深圳市医院覆盖区域的呼吸道疾病住院率进行分类统计,得到了2013年深圳市呼吸道疾病不同性别住院率的空间分布、不同年龄段住院率的空间分布以及不同病种住院率的空间分布。在对深圳市各区域住院率的展示过程中,采用柱状图的表示方法展示各类病例的住院率数值的相对大小。

(1)不同性别住院率的空间分布

图4-8展示的是2013年深圳市呼吸道疾病不同性别住院率的空间分布情况,蓝色表示男性,红色表示女性。从图上可以看出,各个区域均呈现男性呼吸道疾病住院率高于女性的特点。在南部城区部分男性呼吸道疾病住院率与女性呼吸道疾病住院率的差异较小,然而在龙岗区北部、龙华新区、光明新区以及宝安区南部等地男性与女性在呼吸道疾病住院率上的差异较为突出。

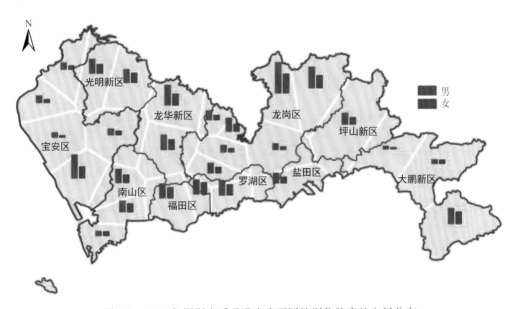

图4-8　2013年深圳市呼吸道疾病不同性别住院率的空间分布

(2)不同年龄段住院率的空间分布

图4-9展示的是2013年深圳市呼吸道疾病不同年龄段住院率的空间分布情况,黄色代表0～14岁的儿童,蓝色代表15～64岁的成年人,棕色代表65岁以上的老年人。从图上可以看出,深圳市各年龄段的呼吸道疾病住院率存在明显的空间差异。从深圳市的整体情况来判断,0～14岁儿童与65岁以上老年人的呼吸道疾病住院率明显高于15～64岁成年人的呼吸道疾病住院率。同时,深圳市北部各区域均表现出0～14岁儿童呼吸道疾病住院率高于65岁以上老年人呼吸道疾病住院率的特点,深圳市南部各区域则表现出65岁以上老年人呼吸道疾病住院率高于0～14岁儿童呼

吸道疾病住院率的特点,而中部地区二者的呼吸道疾病住院率表现出较均衡的特点。

图 4-9　2013 年深圳市呼吸道疾病不同年龄段住院率的空间分布

(3)不同病种住院率的空间分布

图 4-10 展示的是 2013 年深圳市呼吸道疾病不同病种住院率的空间分布情况,橙色代表非急性上呼吸道疾病,绿色代表非急性下呼吸道疾病,红色代表急性上呼吸道疾病,蓝色代表急性下呼吸道疾病。从深圳市整体来看,非急性下呼吸道疾病的住

图 4-10　2013 年深圳市呼吸道疾病不同病种住院率的空间分布

院率明显高于其他 3 种病种的住院率。从局部来看,深圳市北部的光明新区、龙华新区以及龙岗区的西北部较其他地区表现出相对较高的急性上呼吸道疾病发病率,该现象在龙岗区西北部尤其突出,急性上呼吸道疾病的住院率甚至超过非急性下呼吸道疾病,成为该地区住院率最高的病种。

4.3　讨论与小结

本章根据 2013 年深圳市 98 家医院的呼吸道疾病住院数据,系统分析了深圳市呼吸道住院病例数与发病率的空间特征,结果如下。

① 性别上,深圳市 2013 年全年男性呼吸道疾病的住院率为 1.9%,女性的呼吸道疾病住院率为 1.2%,男性患呼吸道疾病住院的概率高于女性,并且该结论普遍适用于深圳市各个不同区域。

② 年龄段上,深圳市 2013 年 0～14 岁儿童呼吸道疾病住院率为 12.69%,15～64 岁成人呼吸道疾病住院率为 0.4%,65 岁以上老年人呼吸道疾病住院率为12.65%,儿童与老年人患呼吸道疾病住院的概率远远高于成年人,同时在空间上存在一定的差异:北部各区域均表现出 0～14 岁儿童呼吸道疾病住院率高于 65 岁以上老年人呼吸道疾病住院率的特点,深圳市南部各区域则表现出 65 岁以上老年人呼吸道疾病住院率高于 0～14 岁儿童呼吸道疾病住院率的特点,而中部地区二者的呼吸道疾病住院率表现出较均衡的特点。

③ 病种上,深圳市 2013 年非急性上呼吸道疾病的住院率为 0.01%,非急性下呼吸道疾病的住院率为 1.1%,急性上呼吸道疾病的住院率为 0.16%,急性下呼吸道疾病的住院率为 0.28%,非急性下呼吸道疾病的住院率明显高于其他 3 种疾病,并且该结论普遍适用于深圳市各个不同区域,唯一特例情况出现在深圳市龙岗区西北角,该地区的急性上呼吸道疾病的住院率超过非急性下呼吸道疾病成为住院率最高的病种。

本章仅从呼吸道疾病的角度着手,分析了 2013 年深圳市各医院覆盖范围内的呼吸道疾病住院病例的不同类别构成比例与相应的住院率,从而对 2013 年深圳市的呼吸道疾病住院情况有了整体上的大概了解,进而为接下来的大气污染物对呼吸道疾病影响效应的时空分析研究提供了基本研究思路。

第5章 深圳市大气污染物对呼吸道疾病影响效应的时空分析

5.1 大气污染物对呼吸道疾病的影响机理

　　城市大气环境污染对人体造成的不利健康效应已在国内外众多研究中得到证实。不利健康效应的衡量主要由死亡率（总非意外死亡率）、疾病发病率、门诊病人人数以及住院病人人数等指标估算，其中不同的指标也会根据不同病种进行分类分析。目前，研究发现，主要受大气污染物影响的病种多为呼吸系统疾病与心脑血管疾病。同时，大气污染造成的一些临床症状（如咳嗽、气急等）、亚临床指标（肺功能、免疫功能、心血管指标等）和生殖结局（新生儿低出生体重、早产）也受到越来越多的关注。在大气污染物中，颗粒物和臭氧对人类健康的威胁最普遍，而颗粒物又因其成分以及对人体影响机制的多变性受到越来越多研究者们的关注。主要大气污染物对人类健康造成危害影响的机理如下。

　　（1）二氧化硫

　　二氧化硫是一种具有全身性影响的毒物，进入呼吸道后，因其易溶于水的特性，大部分会被阻滞在上呼吸道，在湿润的黏膜上生成具有腐蚀性的亚硫酸、硫酸和硫酸盐，使刺激作用增强，加重哮喘患者的呼吸道堵塞，引起气道阻塞性疾病如气管炎、哮喘。同时，二氧化硫可被吸收进入血液，进入血液的二氧化硫可通过血液循环抵达肺部引起肺气肿等多种呼吸道疾病，甚至与肺癌的发生有关系。二氧化硫进入全身循环系统对全身产生毒副作用，它能破坏酶的活力，从而明显地影响碳水化合物及蛋白质的代谢，对肝脏有一定的损害。动物试验证明，二氧化硫慢性中毒后，机体的免疫受到明显抑制。除此之外，二氧化硫对心血管系统以及孕妇和胎儿也会产生影响。

　　（2）氮氧化物

　　氮氧化物有很强的急性毒作用，由于其水溶性较差，呼吸道黏膜上水分又少，吸入后对上呼吸道刺激性不大。进入肺泡后，由于肺泡水分多，二氧化氮溶于水生成硝酸和亚硝酸。亚硝酸可使肺泡上皮细胞和毛细血管内皮细胞通透性增强，造成肺水肿。亚硝酸在肺组织内与碱性物质结合生成亚硝酸盐。亚硝酸盐可使血红蛋白变成高铁血红蛋白、扩张血管使血压降低。目前认为低浓度二氧化氮在肺泡内的作用首先是引起肺泡表面活性物质（脂蛋白等）的过氧化，然后再损害肺泡细胞。氮氧化物的慢性毒作用主要表现为神经衰弱症候群,个别严重病例可导致肺部纤维化。二氧化氮与支气管哮喘的发病也有一定的关系,而且它对心、肝、肾以及造血组织等均有影响。

(3)臭氧

地面臭氧浓度过高可以引起的人体健康效应包括呼吸道症状、肺功能障碍和呼吸道炎症。呼吸道症状包括咳嗽、喉咙刺激、疼痛、灼烧和深呼吸时的不适以及胸部过紧、喘气和呼吸变短。由于臭氧的水溶性很差,上呼吸道无法有效地阻碍臭氧,因此,吸入的大部分臭氧可以与下呼吸道反应,并溶解于上皮内膜液。在肺部,臭氧迅速和生物分子,尤其是包含硫醇或胺基团,或不饱和的碳碳键反应。这些反应和其产物还未清楚地识别,但臭氧的最终影响由上皮内膜液内的自由基和其他氧化物质停止,然后与潜在的上皮细胞反应,包括免疫细胞以及呼吸道壁的神经元。某些情况下,臭氧可能直接与这些物质发生反应。尽管臭氧暴露导致一些气道较窄,神经限制成为不能全肺吸气的主要原因。关于臭氧与健康的长期暴露研究表明,臭氧与肺部疾病的发生显著相关。

(4)大气颗粒物

大气中的颗粒物,尤其是细颗粒物($PM_{2.5}$),富集各种有害的化合物、金属元素和气体等,$PM_{2.5}$实际上是诸多有害物质的载体和集合体,其毒理性质取决于它的来源、尺度、形态、结构、化学成分及溶解度等物化特性及其富集的各种有害物质和微生物等。不仅如此,$PM_{2.5}$在其迁移和转化过程中,其毒理特征也会发生变化。颗粒物对人体健康产生不利的影响已被广泛证实,其危害程度取决于颗粒物本身的理化性质。一般颗粒物粒径大于$10~\mu m$的则由鼻子阻挡,粒径在$2.5\sim10~\mu m$的颗粒物可以进入鼻腔,但会被黏液毛发清除,危害作用较小。而粒径小于$2.5~\mu m$的颗粒物,可以进入肺泡,定义为细颗粒物,即$PM_{2.5}$。细颗粒物进入呼吸系统,正常情况下,肺部的巨噬细胞可以吞噬颗粒物,然而巨噬细胞会受到颗粒物中有毒物质的影响,运动性减弱,或者当细颗粒物过多超出了吞噬细胞的负载能力时,吞噬作用也会受到阻碍,这大大增加了细颗粒物与上皮细胞的反应机会,有助于其透过上皮细胞进入肺部,从而损伤细胞和组织。实验表明,颗粒物内的有机成分具有更大的细胞毒性。其金属元素、超细颗粒可对细胞产生氧化性损伤,也可通过催化氧化空气中的氧气或其他成分而产生活性氧或自由基,这也是导致肺部损伤的主要原因。因此,颗粒污染物可以引起肺部疾病,如支气管炎、哮喘和肺气肿等疾病。

5.2　基于时间序列研究的回归分析模型

由于呼吸道疾病在受环境影响后的急性发作较为严重,多会达到住院程度,因此,本书选择采用短期污染暴露健康效应的研究方法对深圳市大气污染物与呼吸道疾病住院病例特征进行分析。在时间序列研究的基础上,通过建立回归分析模型探究二者的潜在联系。由于大气污染物对人体会产生滞后的影响效应,即当日的发病通常是由于受到之前某天或者某几天大气污染物的影响,在分析深圳市大气污染物对呼吸道疾病住院影响的过程中,需要采用滞后分析模型。根据滞后方式的不同可以将滞后效应分为:①单独滞后(single-day lag),即单独考虑某一天的滞后影响效应;②累积滞后(multiple-day lag),也可称为分布滞后,即发病当日及滞后期之内所有天数的累积影响效应。本节分别采用了两种滞后方式对污染物与呼吸道疾病住院率的关系进行了时间序列的回归分析,对应回归模型分别为广义相加模型与分布滞后非线性模型,这两种模型近些年被广泛应用于人体健康效应的时间序列研究分析中[100-103]。

5.2.1 单独滞后效应的回归分析模型——广义相加模型

5.2.1.1 广义相加模型的基本原理

依时间顺序排列起来的一系列观测值称为时间序列资料。时间序列资料的各个观察单位之间可能是非独立相关的,这种资料不能用普通的统计方法进行分析。特别是进行多个序列间影响因素分析时,反应序列自身往往存在与时间有关的趋势项,分析特定解释序列对效应序列的影响就应首先去除时间趋势项和混杂作用的影响,再分析解释序列的效应。广义相加模型(Generalized Additive Model,GAM)可通过一系列函数控制时间趋势项和复杂的混杂作用,从而正确评价解释序列的效应。

广义相加模型是对传统广义线性模型(Generalized Linear Model,GLM)的非参数扩展,可有效处理解释变量与效应变量间复杂的非线性关系。GLM 是一般线性模型的扩展形式,主要体现在因变量的“广义”上。一般线性回归的形式为:

$$y = \beta_0 + \beta_1 x_1 + \beta_2 x_2 + \cdots + \beta_k x_k + \varepsilon \tag{5-1}$$

广义线性模型将等式左边的定量变量 y 扩展到二项分布、Poisson 分布等非定量变量,使得该过程可根据不同的数据分布类型,将非定量变量通过一定的变量变换(即连接函数)转化为符合正态分布的定量变量,从而可借助线性模型对数据进行分析。当因变量和自变量不呈线性关系时,便可采用广义相加模型对部分或全部的自变量采用平滑函数的方法建立模型,可表示为:

$$\eta = \alpha + \sum_{k=1}^{p} f_k(X_k) \tag{5-2}$$

式中,η 代表变量 y 的连接函数;$f_k(X_k)$ 为解释变量的平滑函数,代替了线性模型中的 $\beta_k x_k$。

广义相加模型是一种非参数模型,如果将二维散点图的平滑看作简单线性回归模型的一般化,那么广义相加模型则可以看作是多元回归模型的一般化。广义相加模型具有较强的灵活性,不需要假设某种函数形式,只需要满足解释变量对效应变量的影响是独立的条件即可。广义相加模型的拟合是通过一个拟合算法对相应的预测变量进行样条平滑,该算法需要在拟合误差和自由度之间进行权衡以达到最优的最终效果。广义相加模型可以在 R 中利用 mgcv 程序包中的 gam 函数实现,在本书中主要被用于单独滞后效应的回归分析。

5.2.1.2　广义相加模型的构建与应用

本节应用广义相加模型就大气污染物对深圳市居民的呼吸道疾病住院率的单独滞后效应进行了基于时间序列的回归分析。在本研究的广义相加模型中,采用自然立方样条函数控制时间的中、长期趋势,气温、相对湿度的混杂作用,并采用虚拟变量的形式控制星期效应的影响,评价大气污染物对人群呼吸道疾病住院率的影响。图5-1 展示了自然立方样条函数的拟合示例,从图上可以看出,自然立方样条函数可以对非线性的影响变量起到很好的拟合效果。人群住院人数近似服从 Poisson 分布,所以本研究采用 Poisson 分布作为回归模型的分布族(family distribution),对应取对数连接函数(link function),基本模型为:

$$\log[E(Y_t)] = \alpha + \sum_{i=1}^{n} \beta_i X_i + \sum_{j=1}^{m} f_j(Z_j) + \text{as. factor}(D) \tag{5-3}$$

式中,Y_t 为 t 日当天呼吸道疾病住院人数,对于每个 t,Y_t 服从总体均数为 $E(Y_t)$ 的 Poisson 分布;$E(Y_t)$ 为观察日 t 的呼吸道疾病住院人数的期望值;X 为对应变量产生线性影响的解释变量,这里指大气污染物浓度;β 为回归模型中的解释变量系数;$f()$ 为自然立方样条函数(natural cubic spline function);Z 为对应变量发生非线性影响的变量,如时间、气象因素等;D 为星期虚拟变量,处理星期效应问题。

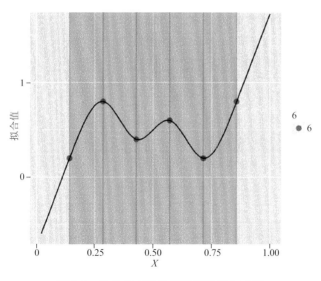

图 5-1　自然立方样条函数平滑拟合示例

在完成基础模型的构建之后，最重要的步骤就是确定模型中非参数平滑函数的自由度（degree of freedom，df）。在广义相加模型中，由于平滑函数的自由度对模型的参数估计和模型稳定性有一定影响。因而，选择合适的自由度对模型构建有重大意义，通常根据以下评判准则进行设定。

① 基于生物学知识和专家经验（包括敏感性分析）设置固定的自由度。

② 依据赤池信息准则（Akaike Information Criterion，AIC），最小选择自由度。

③ 依据残差独立原则，通过最小化模型残差自相关来选择自由度。实际工作中，我们根据基础模型残差的偏自相关（PACF）绝对值之和最小选取自由度。

④ 依据广义交叉验证（Generalized Cross-Validation，GCV）预测污染物浓度的最佳模型选择自由度，这种方法是最小化误差均方过程的一种简化。

本节采用了广义交叉验证的方法，确定了各解释变量平滑函数的自由度分别为：温度自由度＝3、气压自由度＝5、相对湿度自由度＝3、时间自由度＝7。根据以上模型求得的各污染物的回归系数，从而对污染物的单独滞后效应做出定量评价。

5.2.2 累积滞后效应的回归分析模型——分布滞后非线性模型

5.2.2.1 分布滞后非线性模型的基本原理

分布滞后非线性模型（Distributed Lag Nonlinear Model，DLNM）是在广义线性模型和广义相加模型等基础上发展起来的时间序列模型，该模型的基础思想是将解释变量对效应变量产生的影响描述为某段时间内的一系列解释变量的加权效应和。由于暴露的影响存在滞后性，当天的结局可能受 L 天前暴露的影响。为了描述暴露的滞后效应，对解释变量 X 进行简单转换产生 $n \times (L+1)$ 的 Q 矩阵，即：

$$q_t = [x_1, x_2, \cdots, x_{t-l}, \cdots, x_{t-L}] \tag{5-4}$$

式中，L 是可定义的最长滞后天数，通过给暴露—反应关系添加滞后维度，实现同时描述效应变量在解释变量维度与滞后维度的分布。

分布滞后模型假设暴露的效应存在于某一特定时间内，通过对滞后天数 L 设置不同的值估计不同滞后时间的效应。以往滞后效应的研究，往往简单地将每个滞后时间与其设定的相应参数乘积累加。这种模型往往会产生很高的共线性和相关性，从而估计结果出现偏差，预测效能降低。Braga、Schwartz 等改进的方法是给滞后分布强加某些限制，选择适当的基函数转换。如采用分层的思想，假设滞后一定区间内有相同的固定效应，或者使用连续函数（正交函数、样条函数等）来描述平滑曲线等，公式如下：

$$f(x_t; \eta) = q^T \boldsymbol{C} \eta$$
$$\hat{\beta} = \boldsymbol{C} \hat{\eta} \tag{5-5}$$

式中，$\boldsymbol{C}$ 为对滞后向量选择特定基函数转换得到的 $(L+1) \times vt$ 矩阵，η 为每个滞后时间的线性效应的估计，$\hat{\beta}$ 为对滞后分布所做的限制。

分布滞后非线性模型其算法相当复杂,其核心思想为交叉基。对自变量与因变量的关系、滞后效应分布分别选择合适的基函数,求两个基函数的张力积即得交叉基函数。具体步骤如下:首先建立因变量与自变量的模型。选择基函数定义因变量随自变量的分布,得到基向量z;接着为暴露添加新的滞后维度,再给矩阵Q每列选择合适的基函数,这样得到$n \times v_x \times (L+1)$的三维序列$R$,公式如下:

$$f(x_t; \eta) = \sum_{j=1}^{v} \sum_{k=1}^{L} r_{ij}^T c_k \eta_{jk} = w^T t \eta \qquad (5-6)$$

式中,r_{ij}为滞后暴露q通过基函数j变换得到,w^T是自变量x的交叉基函数变换。与传统模型不同,分布滞后非线性模型能够同时描述效应在自变量的维度与滞后维度的变化分布。

5.2.2.2　分布滞后非线性模型的构建与应用

本章应用分布滞后非线性模型就关于大气污染物对深圳市居民的呼吸道疾病住院率的累积滞后效应进行了基于时间序列的回归分析。在本研究的分布滞后非线性模型中,同样采用了自然立方样条函数控制时间的中、长期趋势,气温、相对湿度的混杂作用,并采用虚拟变量的形式控制星期效应的影响,评价大气污染物对人群呼吸道疾病住院率的影响。人群住院人数近似服从 Poisson 分布,所以本研究采用 Poisson 分布作为回归模型的分布族(family distribution),对应取对数连接函数(link function),基本模型为:

$$\log[E(Y_t)] = \alpha + \sum_{j=1}^{J} f_i(X_{ij}; \beta_j) + \sum_{k=1}^{K} f_k(Z_k) + as.\, factor(D) \qquad (5-7)$$

式中,Y_t 为 t 日当天呼吸道疾病住院人数,对于每个 t,Y_t 服从总体均数为 $E(Y_t)$ 的 Poisson 分布;$E(Y_t)$ 为观察日 t 的呼吸道疾病住院人数的期望值;X 为对应变量产生线性影响的解释变量,这里指大气污染物浓度;β 为回归模型中的解释变量系数;$f()$ 为自然立方样条函数(natural cubic spline function);Z 为对应变量发生非线性影响的变量,如时间、气象因素等;D 为星期虚拟变量,处理星期效应问题。

在基础模型构建之后,同样采用了广义交叉验证的方法,确定了各解释变量平滑函数的自由度分别为:污染物自由度=5、温度自由度=3、气压自由度=5、相对湿度自由度=3、时间自由度=7。根据以上模型各污染物的回归系数,从而对污染物的累积滞后效应做出定量评价。

5.2.3　回归分析结果——相对危险度与归因危险度

广义相加模型与分布滞后非线性模型的回归分析结果均以相对危险度(Relative Risk,RR)的数值及其95%的置信区间进行表示。相对危险度是对回归分析结果的相关系数 β 取反对数计算得到的,公式如下:

$$RR = e^{\beta \cdot \Delta x} \qquad (5-8)$$

式中:Δx 在大多数同类研究中取值 $10\ \mu g/m^3$,本研究取值为各污染物的 IQR 浓度。

如果 RR 值大于 1 且置信区间不包括 1,则大气污染物浓度与呼吸道疾病住院病例数量有显著的关联,且大气污染物浓度每增加 Δx $\mu g/m^3$,呼吸道疾病住院病例数量会增长 $(RR-1)\times 100\%$;如果 RR 值小于 1 且置信区间不包括 1,则大气污染物浓度与呼吸道疾病住院病例数量有显著的关联,且大气污染物浓度每增加 Δx $\mu g/m^3$,呼吸道疾病住院病例数量会减少 $(RR-1)\times 100\%$;如果 RR 的置信区间包含 1,则大气污染物浓度与呼吸道疾病住院病例数量之间不存在显著的联系。

5.3 单一大气污染物的时间序列回归分析

本节就单一大气污染物对呼吸道疾病住院病例数量的影响效应进行了回归分析,并加入了气象条件因素用于控制混杂变量的影响。大气污染物包括 SO_2、NO_2、CO、O_3、PM_{10}、$PM_{2.5}$ 六种,呼吸道疾病住院病例数量包括总住院病例数量、男性住院病例数量、女性住院病例数量、$0\sim14$ 岁儿童住院病例数量、$15\sim64$ 岁成人住院病例数量、65 岁以上老年人住院病例数量、急性上呼吸道疾病住院病例数量、非急性上呼吸道疾病住院病例数量、急性下呼吸道疾病住院病例数量、非急性下呼吸道疾病住院病例数量,气象条件因素包括气温、气压以及相对湿度。各组数据的统计特征如表5-1所示。本节分别将各组数据带入回归分析模型中进行分析,分析所得结果将在以下几小节中依次展示与讨论。

表 5-1　各数据的统计特征

	均值±标准差	最小值	$P(25)$	中位数	$P(75)$	最大值
住院病例						
总病例	313.61 ± 44.69	199	283	318	342	415
男	188.6 ± 28.16	100	169	190	207	260
女	125.01 ± 19.69	74	112	125	140	173
$0\sim14$ 岁	212.46 ± 33.61	139	186	215	238	284
$15\sim64$ 岁	70.66 ± 17.44	30	57	70	84	127
65 岁以上	30.48 ± 7.32	14	25	30	35	55
急性上呼吸道疾病	32.84 ± 8.97	12	27	32	39	63
非急性上呼吸道疾病	2.4 ± 1.54	1	1	2	3	9
急性下呼吸道疾病	55.33 ± 10.09	29	48	55	62	89
非急性下呼吸道疾病	223.51 ± 37.78	139	196	227	250	316
污染物						
$SO_2(\mu g/m^3)$	11.88 ± 5.51	5.03	8.1	10.5	14.17	41.63
$NO_2(\mu g/m^3)$	41.66 ± 16.39	14.83	29.79	37.59	49.01	104.81

续表

	均值±标准差	最小值	$P(25)$	中位数	$P(75)$	最大值
CO(mg/m³)	1.09±0.31	0.14	0.97	1.08	1.27	1.86
$O_3(\mu g/m^3)$	80.71±38.9	17.32	48.1	74.5	108.47	195.18
$PM_{10}(\mu g/m^3)$	61.97±34.83	10.25	35.42	50.31	80.68	184.78
$PM_{2.5}(\mu g/m^3)$	40.49±24.61	8.26	21.33	34.89	54.65	135.81
气象条件						
气温(℃)	23.49±4.93	9.8	19.8	24.6	27.7	31.2
气压(hPa)	1004.86±6.1	986.8	1000.2	1004.6	1010.1	1019.2
相对湿度(%)	75.52±14.8	24	68	78	87	100

5.3.1　大气污染物在不同浓度下的滞后效应

本节首先采用了三维图的方式对每种大气污染物不同浓度水平下的滞后效应进行了模拟,见图 5-2,图上 x 轴代表污染物浓度,y 轴代表滞后天数,z 轴代表相对危险度 RR。本节的分析重点为污染物浓度与滞后效应的关系。对颗粒污染物来说,PM_{10} 与 $PM_{2.5}$ 均在高浓度的范围内表现出较高的相对危险度,当 PM_{10} 的日均浓度在 150 $\mu g/m^3$ 以上时,对呼吸道疾病住院病例数量会产生较大的影响;当 $PM_{2.5}$ 的日均浓度在 100 $\mu g/m^3$ 以上时,对呼吸道疾病住院病例数量会产生较大的影响。对气体污染物来说,SO_2 与 NO_2 在整体趋势上也表现出高浓度会导致相对高危险度的趋势,其中当 SO_2 的日均浓度超过 50 $\mu g/m^3$ 时,对呼吸道疾病住院病例数量会产生较大影响;当 NO_2 的日均浓度超过 100 $\mu g/m^3$ 时,对呼吸道疾病住院病例数量会产生较大影响。然而从 CO 与 O_3 的三维曲线图中,无法总结出相对危险度在其浓度变化趋势上表现出的规律。

5.3.2　大气污染物在不同天数上的滞后效应

本节主要讨论分析了每种大气污染物的单独滞后效应以及累积滞后效应,得到每种大气污染物的最佳滞后天数以及最长效应期。本研究分别采用了广义相加模型与分布滞后非线性模型对 6 种大气污染物(SO_2,NO_2,CO,O_3,PM_{10} 和 $PM_{2.5}$)的日均浓度与呼吸道疾病每日住院病例数量的关系进行了回归分析,分别得到了单天滞后效应曲线与累积滞后效应曲线,如图 5-3 所示,滞后期均为 15 d。图上左侧绿色的曲线代表各污染物在不同的滞后天数对呼吸道疾病住院病例数量产生的相对危险度,右侧红色的曲线代表各污染物在不同的滞后期内对呼吸道疾病住院病例数量产生的累积相对危险度,曲线周围的斜线与阴影部分均表示二者的 95% 置信区间。

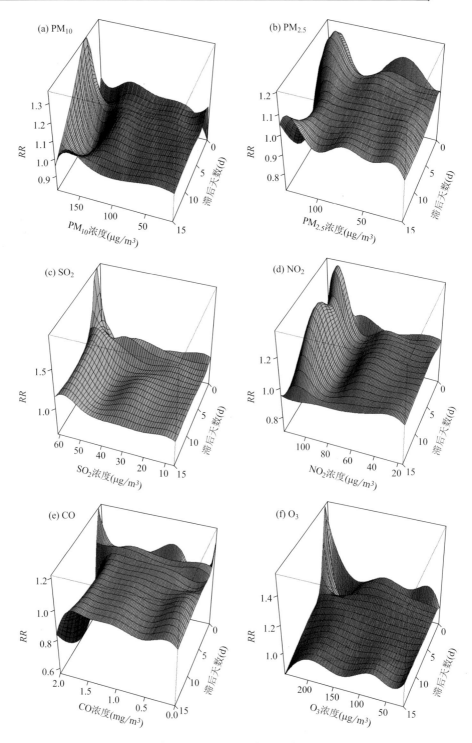

图 5-2　污染物浓度与相对危险度的暴露-反应三维图

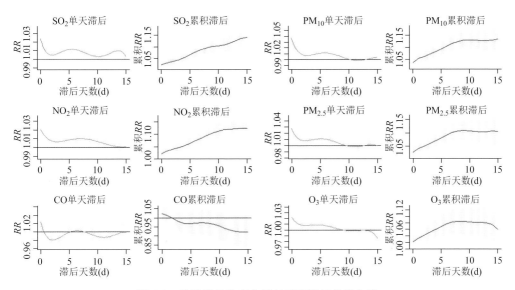

图 5-3　单独滞后效应曲线与累积滞后效应曲线

从各污染物的单独滞后效应（*RR*）曲线（图 5-3）来看，除了 CO 之外，其他 5 种污染物的日均浓度均与每日呼吸道疾病住院病例数量存在显著的联系，并且该种联系在 15 d 的滞后期内均呈现出逐渐减弱的明显趋势。其中，颗粒污染物 PM_{10} 与 $PM_{2.5}$ 以及 O_3 均在滞后 1 周左右的时候，相对危险度的置信区间下限减弱至 1 以下，即对呼吸道疾病的住院数量失去了统计显著的影响；NO_2 则在滞后 10 d 左右的时候，相对危险度的置信区间下限减弱至 1 以下，失去了对呼吸道疾病住院数量统计显著的影响。然而，SO_2 对呼吸道疾病的影响效应在 15 d 的滞后期内未表现出减弱的趋势，并且呈现出起伏波动的特点，可推断其滞后效应期超过 15 d。此外，除 CO 外的其他 5 种污染物的单独滞后效应 RR 曲线均在滞后第 5～7 天时出现了局部峰值，因此可推断深圳市大气污染物对呼吸道疾病住院数量的最显著影响出现在第 5～7 天，其中 SO_2 与 O_3 为第 5 天，颗粒污染物为第 6 天，NO_2 为第 7 天。综上所述，颗粒污染物以及 O_3 对深圳市呼吸道疾病住院数量的最长滞后效应期为 7 d，并分别在滞后第 6 天与第 5 天表现出最佳滞后效应；NO_2 对深圳市呼吸道疾病住院数量的最长滞后效应期为 10 d，在滞后第 7 天出现最佳滞后效应；SO_2 的滞后效应在第 15 天消失，在滞后第 5 天出现第一次最佳滞后效应。从各污染物的累积滞后效应（Cumulative RR）曲线来看，15 d 内，除 SO_2 与 CO 之外，其余 4 种污染物均在某一滞后时间达到平稳状态，该滞后时间与单独滞后效应中的最长滞后效应期相对应。

本研究进一步对各污染物一周之内的单独滞后效应与累积滞后效应进行了数值计算，如表 5-2 和表 5-3 所示。从表中数值可以得出与图 5-3 曲线图一致的结果。在计算表中各相对危险度数值的时候，由于深圳市全年的 SO_2 平均浓度水平较低，平均日均浓度为 11.88 $\mu g/m^3$，不适用于选取大多数研究采用的 $\Delta x = 10$ $\mu g/m^3$ 作为浓度变化单位,本研究中均采用各污染物浓度的 *IQR* 变化值计算相对危险度。

表 5-2　污染物 *IQR* 浓度

污染物	$IQR(\mu g/m^3)$
SO_2	6
NO_2	19
CO	300
O_3	60
PM_{10}	45
$PM_{2.5}$	33

表 5-3　单独滞后效应的相对危险度与累积滞后效应的相对危险度

滞后天数(d)	SO_2	NO_2	O_3	PM_{10}	$PM_{2.5}$
0	1.035(1.025, 1.055)	1.025(1.007, 1.037)	1.017(1.005, 1.029)	1.053(1.031, 1.075)	1.055(1.029, 1.079)
1	1.021(1.012, 1.041)	1.020(1.005, 1.035)	1.011(1.004, 1.028)	1.029(1.018, 1.041)	1.031(1.019, 1.043)
2	1.012(1.011, 1.036)	1.018(1.003, 1.033)	1.008(1.002, 1.016)	1.027(1.015, 1.041)	1.028(1.014, 1.042)
3	1.027(1.015, 1.039)	1.021(1.011, 1.034)	1.007(1.001, 1.016)	1.017(1.008, 1.031)	1.019(1.005, 1.033)
4	1.031(1.022, 1.044)	1.022(1.015, 1.031)	1.009(1.003, 1.017)	1.028(1.015, 1.044)	1.026(1.012, 1.041)
5	1.033(1.021, 1.047)	1.036(1.008, 1.052)	1.011(1.002, 1.023)	1.038(1.019, 1.052)	1.031(1.016, 1.046)
6	1.023(1.017, 1.043)	1.029(1.008, 1.048)	1.013(1.001, 1.026)	1.049(1.025, 1.61)	1.42(1.024, 1.062)
7	1.022(1.015, 1.038)	1.023(1.008, 1.035)	1.014(1.003, 1.028)	1.051(1.032, 1.071)	1.052(1.032, 1.073)
01	1.038(1.014, 1.057)	1.031(1.011, 1.044)	1.021(1.012, 1.031)	1.062(1.041, 1.089)	1.066(1.043, 1.092)
07	1.072(1.039, 1.126)	1.115(1.067, 1.153)	1.055(1.027, 1.079)	1.145(1.088, 1.181)	1.169(1.092, 1.197)

注:01、07 表示 0~1 d,0~7 d 的累计滞后。

通过比较深圳市 2013 年各污染物浓度对呼吸道疾病住院数量的相对危险度,发现 SO_2 的相对危险度数值最高,其次为 NO_2 与颗粒污染物,O_3 的相对危险度最低,CO 则对呼吸道疾病无显著影响。

5.3.3　大气污染物在不同季节内的滞后效应

本节将研究时间段分为冷、暖两季,冷季包括 1—3 月以及 10—12 月,暖季包括 4—9 月,比较了不同季节条件下各污染物浓度对呼吸道疾病住院数量的滞后影响效应。图 5-4 左侧两列图表示冷季中污染物浓度对呼吸道疾病住院数量的滞后影响,右侧两列图表示暖季中污染物浓度对呼吸道疾病住院数量的滞后影响,其中绿色代表单独滞后效应的 RR 值,红色代表累积滞后效应的累积 RR 值。同时对各污染物一周内的累积滞后效应进行了数值计算,同样采用 IQR 作为计算相对危险度的浓度变化单位,计算结果见表 5-4。综合图表信息的比较,发现除 CO 以外,其他 5 种大气污染物均在冷季表现出对呼吸道疾病住院数量的显著影响,在暖季则对呼吸道疾病住院数量未有显著影响。从各污染物的相对危险度数值来看,SO_2 的相对危险度数

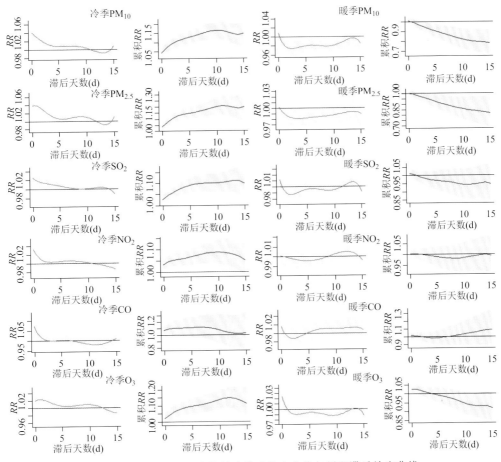

图 5-4　冷、暖季各污染物单独滞后效应曲线与累积滞后效应曲线

（左侧两列图为冷季,右侧两列图为暖季）

值最高,其次为 NO₂ 与颗粒污染物,O₃ 的相对危险度最低,因此,可以得出对深圳市呼吸道疾病住院数量的影响效应上,SO₂＞NO₂ 与 PMs＞O₃。CO 则在冷暖季均未表现出对呼吸道疾病住院数量具有显著影响。

表 5-4　冷、暖季各污染物的滞后 7 d 的相对危险度

污染物	$IQR(\mu g/m^3)$	冷季(1—3 月,10—12 月)	暖季(4—9 月)
SO₂	6	**1.096(1.072,1.146)** *	1.046(0.969,1.124)
NO₂	19	**1.135(1.105,1.168)** *	1.051(0.984,1.221)
CO	300	1.021(0.897,1.315)	0.957(0.855,1.260)
O₃	60	**1.072(1.045,1.126)** *	1.033(0.994,1.121)
PM₁₀	45	**1.162(1.127,1.212)** *	0.996(0.978,1.135)
PM₂.₅	33	**1.178(1.139,1.228)** *	0.996(0.977,1.154)

注:* 表示 $P < 0.05$。

5.3.4　大气污染物对不同病种的滞后效应

本节将研究对象呼吸道疾病住院病例按照病种分为急性上呼吸道疾病病例(acute upper respiratory infection)、急性下呼吸道疾病病例(acute lower respiratory infection)、非急性上呼吸道疾病病例以及非急性下呼吸道疾病病例,并比较了各污染物对不同病种的呼吸道疾病住院病例的滞后影响效应。图 5-5～图 5-7 由 6 组污染

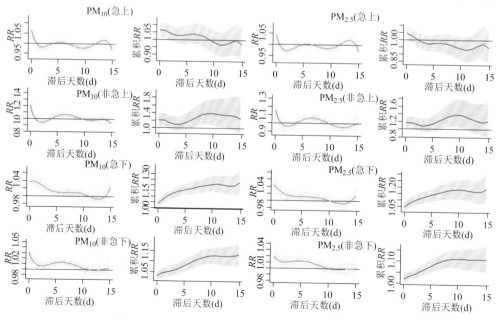

图 5-5　PM₁₀ 与 PM₂.₅ 滞后效应对不同病种的影响

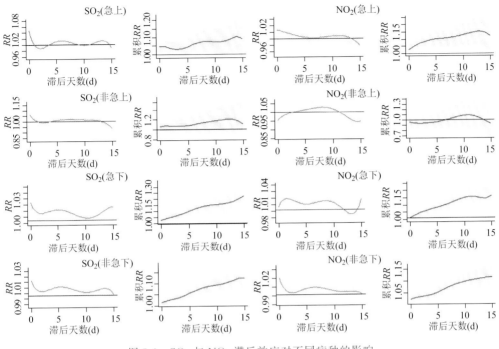

图 5-6　SO_2 与 NO_2 滞后效应对不同病种的影响

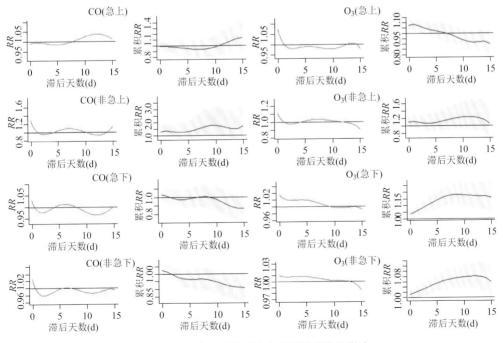

图 5-7　CO 与 O_3 滞后效应对不同病种的影响

物对呼吸道疾病住院数量的滞后效应曲线组成,其中每组曲线代表一种污染物的滞后效应,第一行的两幅图表示污染物对急性上呼吸道疾病住院数量的滞后影响,第二行的两幅图表示污染物对非急性上呼吸道疾病住院数量的滞后影响,第三行的两幅图表示污染物对急性下呼吸道疾病住院数量的滞后影响,最后一行的两幅图表示污染物对非急性下呼吸道疾病住院数量的滞后影响,其中绿色代表单独滞后效应的 RR 值,红色代表累积滞后效应的累积 RR 值。同时计算了各污染物对不同呼吸道疾病病种住院数量在 1 d 内以及 1 周内的累积滞后效应值,同样采用 IQR 作为计算相对危险度的浓度变化单位,计算结果见表 5-5 和表 5-6。综合图表信息的比较发现,不同污染物对不同病种的滞后影响有明显的差异。

表 5-5　滞后一天时各污染物对不同病种的相对危险度

污染物	急性上呼吸道	非急性上呼吸道	急性下呼吸道	非急性下呼吸道
SO_2	**1.043(1.018,1.074)** *	1.008(0.940,1.029)	**1.037(1.012,1.069)** *	**1.021(1.009,1.044)** *
NO_2	**1.031(1.011,1.050)** *	0.998(0.992,1.052)	1.011(0.999,1.030)	**1.013(1.005,1.023)** *
CO	0.943(0.851,1.048)	1.320(0.928,1.896)	0.963(0.920,1.077)	1.029(0.973,1.069)
O_3	1.008(0.981,1.016)	1.022(0.995,1.048)	**1.010(1.004,1.017)** *	**1.006(1.002,1.010)** *
PM_{10}	1.039(0.999,1.024)	1.032(0.999,1.065)	**1.051(1.025,1.071)** *	**1.041(1.022,1.067)** *
$PM_{2.5}$	1.015(0.991,1.020)	1.037(0.996,1.079)	**1.054(1.029,1.073)** *	**1.042(1.028,1.063)** *

注:* 表示 $P < 0.05$。

表 5-6　滞后一周时各污染物对不同病种的相对危险度

污染物	急性上呼吸道	非急性上呼吸道	急性下呼吸道	非急性下呼吸道
SO_2	**1.083(1.037,1.130)** *	1.023(0.971,1.075)	**1.132(1.115,1.156)** *	**1.062(1.038,1.102)** *
NO_2	**1.098(1.036,1.151)** *	1.053(0.981,1.097)	**1.102(1.028,1.177)** *	**1.084(1.019,1.148)** *
CO	0.875(0.745,1.034)	1.106(0.948,2.698)	0.981(0.860,1.126)	0.924(0.901,1.047)
O_3	0.994(0.980,1.009)	1.030(0.987,1.074)	**1.067(1.026,1.108)** *	**1.042(1.012,1.079)** *
PM_{10}	1.006(0.990,1.082)	1.067(0.979,1.114)	**1.158(1.126,1.189)** *	**1.121(1.097,1.153)** *
$PM_{2.5}$	0.996(0.964,1.079)	1.082(0.987,1.142)	**1.175(1.135,1.204)** *	**1.130(1.102,1.169)** *

注:* 表示 $P < 0.05$。

在 $1 \sim 4$ d 的滞后期内,PM_{10} 对急性下呼吸道疾病住院数量影响显著,对非急性下呼吸道疾病住院数量未有显著影响;在 $4 \sim 7$ d 的滞后期内,PM_{10} 对急性下呼吸道疾病住院数量的影响消失,对非急性下呼吸道疾病住院数量的影响在滞后第 4 天时开始显现并在滞后第 7 天时消失。在 $1 \sim 7$ d 的滞后期内,$PM_{2.5}$ 对急性下呼吸道疾病与非急性下呼吸道疾病住院数量均有显著影响。尽管颗粒污染物 PM_{10} 与 $PM_{2.5}$ 对急性下呼吸道疾病住院数量的相对危险度在数值上均高于对非急性下呼吸道疾病住院数量的相对危险度,然而由于置信区间的交叉,颗粒污染物对急性与非急性下呼吸道疾病住院数量的影响不具有统计意义上的差异。同时在滞后 7 d 的情况下,颗粒污染物对非急性上呼吸道也出现了显著影响。

SO_2 对急性上呼吸道病、急性下呼吸道疾病以及非急性下呼吸道疾病的住院数量在滞后一天以及滞后一周的情况下均有显著影响,然而对上呼吸道与下呼吸道的影响模式存在差异。在对急性上呼吸道疾病的影响模式上,SO_2 只在滞后一天以及滞后一周的当天表现出了显著影响,然而在其他滞后天数上未有显著影响;在对急性与非急性下呼吸道疾病的影响模式上,在一周的滞后期内的各天数上均表现出显著影响且影响模式较一致。然而从对各呼吸道疾病病种相对危险度数值的比较来看,由于置信区间的交叉,SO_2 对不同病种呼吸道疾病住院数量的影响不具有统计意义上的差异。

NO_2 对 4 种不同种类的呼吸道疾病住院数量影响模式各不相同。对急性上呼吸道疾病住院数量的显著影响主要发生在 3 d 的滞后期内,且单日的影响效应在 3 天内呈减弱的趋势;对非急性上呼吸道疾病住院数量未有影响;对急性下呼吸道疾病住院数量在滞后一天的情况下未出现显著影响,然而在滞后的 2～10 d 内对该病种的住院数量出现显著影响;对非急性下呼吸道疾病住院数量的影响除了在滞后的 2～4 d 单日效应上不显著之外,在 10 d 滞后期内的其他天数均显著。然而从对各呼吸道疾病病种相对危险度数值的比较来看,由于置信区间的交叉,NO_2 对不同病种呼吸道疾病住院数量的影响同样不具有统计意义上的差异。

CO 对 4 种呼吸道疾病住院数量均不具有显著的影响效应。对 O_3 来说,在滞后一天的情况下,O_3 对急性上呼吸道、急性下呼吸道以及非急性下呼吸道疾病住院数量均有显著的影响,对急性上呼吸道疾病住院数量的影响在当天就会消失,然而对下呼吸道疾病住院数量的影响会持续至一周的时间。从各呼吸道疾病病种相对危险度数值来看,由于置信区间的交叉,无法就 O_3 对各呼吸道疾病住院数量的影响效应进行统计学比较。

5.3.5　大气污染物在不同区域的滞后效应

本节将研究区域深圳市根据医院覆盖范围进行了分区研究,分别对各个区域内的大气污染物平均日均浓度以及呼吸道疾病日住院率进行了基于时间序列的回归分析,采用 7 d 滞后期以及分布滞后非线性模型计算出各个区域内不同大气污染物对呼吸道疾病住院率的相对危险度,其空间分布情况如图 5-8～图 5-12 所示。

图 5-8 展示的是 SO_2 对深圳市 2013 年呼吸道疾病住院率影响效应的空间分布。从图上可以看出,SO_2 对罗湖区以及坪山新区的呼吸道疾病住院率影响最大;其次是龙岗区南部以及光明新区和龙华新区;对宝安、南山区、福田区以及龙岗区北部的影响较弱;对盐田区以及大鹏新区则无显著影响。从本书第 3 章对 2013 年深圳市大气污染物浓度格局的分析中可知,SO_2 的浓度分布格局呈现西北高、东南低的特点,与 SO_2 对呼吸道疾病住院率相对危险度的分布格局不完全一致,空间相关系数 $R^2 = 0.58$。

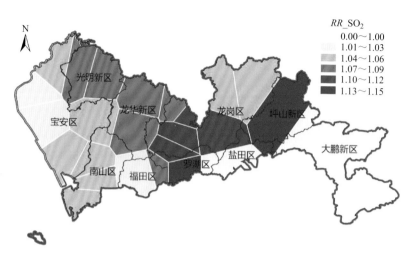

图 5-8　SO₂ 对深圳市 2013 年呼吸道疾病住院率影响效应的空间分布

　　图 5-9 展示的是 NO₂ 对深圳市 2013 年呼吸道疾病住院率影响效应的空间分布。从图上可以看出，NO₂ 对坪山新区以及光明新区的呼吸道疾病住院率影响最大；其次是宝安区南部以及龙华新区；对宝安区北部、南山区、福田区以及龙岗区的影响较弱；对盐田区以及大鹏新区则无显著影响。从第 3 章对 2013 年深圳市大气污染物浓度格局的分析中可知，NO₂ 的浓度分布格局呈现西南高、东部低的特点，与 NO₂ 对呼吸道疾病住院率相对危险度的分布格局不完全一致，空间相关系数 $R^2 = 0.70$。

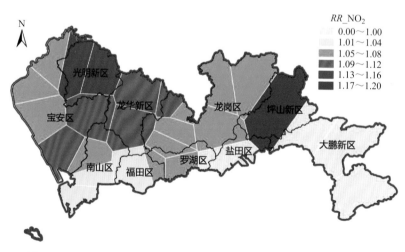

图 5-9　NO₂ 对深圳市 2013 年呼吸道疾病住院率影响效应的空间分布

　　图 5-10 展示的是 O₃ 对深圳市 2013 年呼吸道疾病住院率影响效应的空间分布。从图上可以看出，O₃ 对龙岗区南部以及光明新区的呼吸道疾病住院率影响最大；其

次是坪山新区、宝安区南部、南山区以及龙岗区北部；对龙华新区、福田区的影响较弱；对盐田区以及大鹏新区则无显著影响。O_3 浓度的空间分布格局与其对呼吸道疾病住院率相对危险度分布格局的空间相关系数 $R^2 = 0.64$。

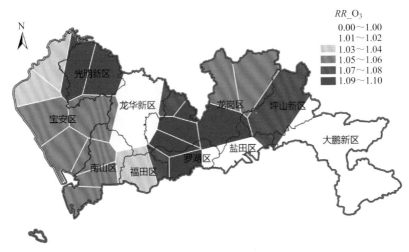

图 5-10　O_3 对深圳市 2013 年呼吸道疾病住院率影响效应的空间分布

图 5-11 与图 5-12 展示的是颗粒污染物 PM_{10} 与 $PM_{2.5}$ 对深圳市 2013 年呼吸道疾病住院率影响效应的空间分布。从图上可以看出，二者均对坪山新区、罗湖区以及光明新区的呼吸道疾病住院率影响较大；其次是龙岗区、龙华新区以及宝安区的南部；对南山区、福田区以及宝安区北部的影响较弱；对盐田区以及大鹏新区则无显著影响。从第 3 章对 2013 年深圳市大气污染物浓度格局的分析中可知，颗粒污染物的

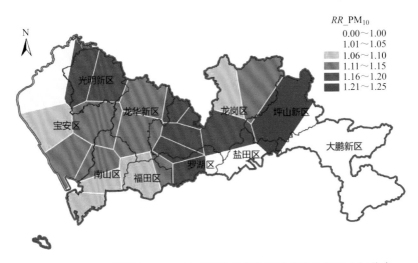

图 5-11　PM_{10} 对深圳市 2013 年呼吸道疾病住院率影响效应的空间分布

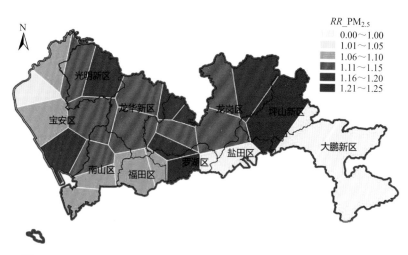

图 5-12　PM₂.₅ 对深圳市 2013 年呼吸道疾病住院率影响效应的空间分布

浓度分布格局呈现西北高、东南低的特点,与其对呼吸道疾病住院率相对危险度的分布格局不完全一致,空间相关系数 R^2 分别为 0.56 与 0.62。

　　相对危险度的区域分布与污染物浓度的空间分布不完全一致,可分为:①高浓度—高 RR,是指污染物年均浓度较高的地区,相对危险度较高;②低浓度—低 RR,是指污染物年均浓度较低的地区,相对危险度较低;③低浓度—高 RR,是指污染物年均浓度较低的地区,相对危险度较高;④高浓度—低 RR,是指污染物年均浓度较高的地区,相对危险度较低。基于以上 4 种模式对各个区域进行分类得到各污染物浓度—效应模式的空间分布,如图 5-13 所示。从图上可以看出,经过分类后的空间格局明显呈现出较一致的规律:在光明新区、坪山新区、罗湖区以及龙岗区的南部,污染物的浓度变化对呼吸道疾病的住院情况均有显著的影响。

(a) SO₂ 浓度—效应模式

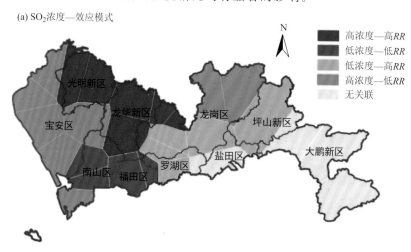

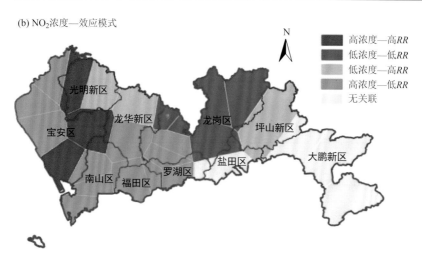

(b) NO₂浓度—效应模式

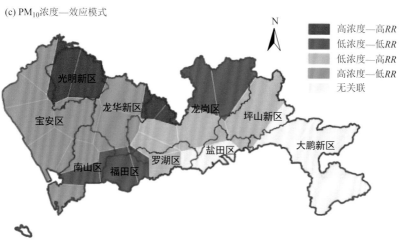

(c) PM₁₀浓度—效应模式

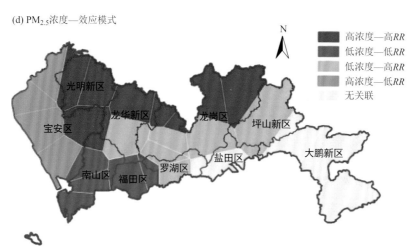

(d) PM₂.₅浓度—效应模式

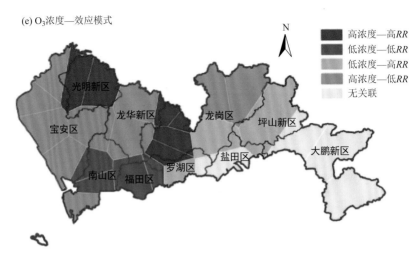

图 5-13　污染物浓度—效应模式的空间分布

光明新区属于高污染物浓度且高影响效应区域,该区域污染物全年平均浓度水平较高且对呼吸道疾病的危险度也较高,可采取相应的污染物防治措施,降低污染物浓度,进而降低呼吸道疾病发病住院的风险。坪山新区、龙岗区南部以及罗湖区属于低污染物浓度但高影响效应区域,该区域污染物全年平均浓度较低,但是污染物浓度的升高对该地区呼吸道疾病的发病住院有较高的影响,因此需要注意在个别污染物有所升高的天气对当地居民进行提示,采取防护措施。

同时,本研究计算出了各污染物对呼吸道疾病住院率的相关危险度与各区人口数量、医院床位指数、气象条件的相关系数,见表 5-7。从表中可以看出,除了气象条件之外,人口数量、医院床位指数与污染物浓度对呼吸道疾病住院率的相对危险度也存在较微弱的正相关关系。然而,污染物对人体健康是一个复杂的过程,其影响效应会受多方面因素的干扰,只考虑环境因素是远远不够的,还需要将其他社会经济因素,例如交通水平、行业构成、医疗水平、居民的生活习惯等因素纳入分析研究范围,进一步了解污染物对呼吸道疾病的影响模式。

表 5-7　污染物相对危险度与不同因素的相关系数

	$PM_{2.5}$	PM_{10}	O_3	NO_2	SO_2
污染物浓度	0.62	0.56	0.64	0.70	0.58
人口数量	0.53	0.53	0.53	0.53	0.53
医院床位指数	0.34	0.37	0.37	0.36	0.36
气象条件	−0.03	−0.03	−0.03	−0.03	−0.03

5.4　多种大气污染物的时间序列回归分析

在对单一污染物浓度与呼吸道疾病住院数量关系进行了系统分析后,确认了除CO之外,其他5种大气污染物均对深圳市呼吸道疾病住院数量存在显著的影响。本节就多种污染物对呼吸道疾病住院数量的综合效应进行了分析,着重探讨了在对呼吸道疾病住院病例数量影响中,各污染物之间是否存在相互影响进而对影响产生加成效应。

由于回归分析模型要求采用相互独立的变量进行分析,因此首先需要对各污染物浓度进行两两一组的相关性分析,选择相关系数小于0.5的多污染物组合。相关性分析结果见表5-8和图5-14。

表 5-8　各组污染物浓度的相关系数

R^2	NO_2	PM_{10}	CO	O_3	$PM_{2.5}$
SO_2	0.46	**0.68**	0.23	0.36	**0.64**
NO_2		**0.52**	0.16	0.22	0.45
PM_{10}			0.34	**0.57**	**0.92**
CO				0.11	0.39
O_3					**0.54**

注:黑体表示相关系数大于0.5,余同。

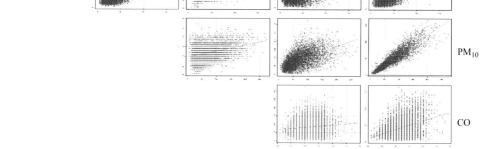

图 5-14　各组污染物浓度相关性分析结果散点图

根据相关性分析结果,确定了 5 组污染物组合,分别为 SO_2-NO_2、SO_2-O_3、NO_2-O_3、NO_2-$PM_{2.5}$、SO_2-NO_2-O_3 组合,并采用与单一污染物同样的时间序列研究方法对 5 种污染物组合与呼吸道疾病住院数量的关系进行回归分析,滞后期设定为 1 周,计算相对危险度时 Δx 取值 IQR,结果见表 5-9。

表 5-9 多污染物影响对呼吸道疾病住院数量的综合效应

主要污染物	辅助污染物	相对危险度	置信区间
	无	**1.072**	(1.039,1.126)*
SO_2	NO_2	**1.064**	(1.031,1.115)*
	O_3	**1.073**	(1.039,1.128)*
	NO_2、O_3	**1.059**	(1.025,1.125)*
	无	**1.115**	(1.067,1.153)*
	SO_2	1.063	(0.978,1.138)
NO_2	O_3	**1.107**	(1.061,1.146)*
	$PM_{2.5}$	**1.103**	(1.058,1.139)*
	SO_2、O_3	1.074	(0.971,1.142)
	无	1.055	(1.027,1.079)*
	SO_2	0.976	(0.953,1.057)
O_3	NO_2	1.044	(1.012,1.074)*
	SO_2、NO_2	0.974	(0.915,1.081)
$PM_{2.5}$	无	**1.169**	(1.092,1.197)*
	NO_2	**1.153**	(1.088,1.191)*

注:* 表示 $P<0.05$。

由分析结果可以看出,加入辅助污染物之后,各主要污染物对呼吸道疾病住院数量的相对危险度均小于之前单一污染物模型的分析结果,甚至在加入辅助污染物 SO_2 后,NO_2 与 O_3 对呼吸道疾病住院数量的影响不再显著,因此,各污染物在对呼吸道疾病住院数量的影响上不存在相互加成效应。

5.5 大气污染物对不同患病群体的滞后效应

5.5.1 大气污染物滞后效应在性别上的差异

本节将研究对象呼吸道疾病住院病例按照性别分为男性病例与女性病例,比较了各污染物对不同性别的呼吸道疾病住院患者的滞后影响效应。图 5-15 由 6 组污染物对呼吸道疾病住院数量的滞后效应曲线组成,其中每组曲线代表一种污染物的滞后效应,左侧两列图表示污染物对男性呼吸道疾病住院数量的滞后影响,右侧两列图表示污染物对女性呼吸道疾病住院数量的滞后影响,其中绿色代表单独滞后效应

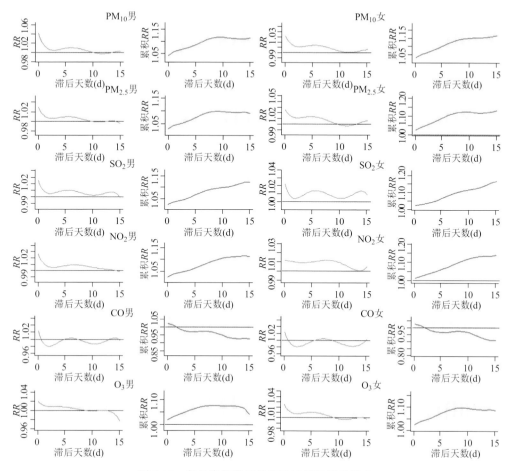

图 5-15　各污染物滞后效应对不同性别的影响

的 *RR* 值,红色代表累积滞后效应的累积 *RR* 值。

同时计算了各污染物对不同性别呼吸道疾病住院数量在一天内以及一周内的累积滞后效应值,同样采用 *IQR*(表 5-2)作为计算相对危险度的浓度变化单位,计算结果见表 5-10。综合图表信息的比较,发现除 CO 以外,其他 5 种大气污染物均对男、女性别的呼吸道疾病住院数量表现出较为一致的显著影响,并且从曲线图可以看出滞后效应的趋势规律也较为一致。然而从各污染物对不同性别呼吸道疾病住院数量的相对危险度数值来看,存在较微弱的性别差异。

在滞后 1 d 的情况下,污染物对男性呼吸道疾病住院数量的相对危险度 *RR* 值普遍高于对女性,在滞后 1 周的情况下,污染物对女性呼吸道疾病住院数量的相对危险度 *RR* 值普遍超过了男性。然而由于二者置信区间存在交叉现象,二者的差异不具有统计意义,因此,从统计意义的角度来说,2013 年深圳市各污染物对呼吸道疾病住院数量的影响效应不存在性别差异。

表 5-10　滞后 1 d 与 1 周时各污染物对不同性别的相对危险度

滞后天数	污染物	男性	女性
滞后 1 d	SO_2	**1.034(1.021,1.055)** *	**1.025(1.014,1.051)** *
	NO_2	**1.025(1.010,1.039)** *	**1.021(1.011,1.036)** *
	CO	1.028(0.950,1.051)	1.019(0.964,1.472)
	O_3	**1.017(1.005,1.031)** *	**1.014(1.004,1.028)** *
	PM_{10}	**1.053(1.031,1.072)** *	**1.048(1.028,1.0070)** *
	$PM_{2.5}$	**1.055(1.032,1.075)** *	**1.045(1.029,1.0073)** *
滞后 1 周	SO_2	**1.069(1.031,1.099)** *	**1.073(1.034,1.101)** *
	NO_2	**1.113(1.065,1.154)** *	**1.115(1.063,1.156)** *
	CO	0.963(0.8892,1.393)	0.968(0.889,1.569)
	O_3	**1.053(1.026,1.089)** *	**1.058(1.027,1.092)** *
	PM_{10}	**1.141(1.105,1.173)** *	**1.148(1.112,1.176)** *
	$PM_{2.5}$	**1.167(1.112,1.196)** *	**1.171(1.114,1.203)** *

注：* 表示 $P<0.05$。

5.5.2　大气污染物滞后效应在年龄上的差异

　　本节将研究对象呼吸道疾病住院病例按照年龄分为 0～14 岁的儿童病例、15～64 岁的成人病例以及 65 岁以上的老年病例，比较了各污染物对不同年龄段的呼吸道疾病住院患者的滞后影响效应。图 5-16 由 6 组污染物对呼吸道疾病住院数量的滞后效应曲线组成，其中每组曲线代表一种污染物的滞后效应，上面两幅图表示污染物对 0～14 岁儿童呼吸道疾病住院数量的滞后影响，中间两幅图表示污染物对 15～64 岁呼吸道疾病住院数量的滞后影响，下面两幅图表示污染物对 65 岁以上呼吸道疾病住院数量的滞后影响，其中绿色代表单独滞后效应的 RR 值，红色代表累积滞后效应的累积 RR 值。

　　同时计算了各污染物对不同年龄段呼吸道疾病住院数量在 1 d 内以及 1 周内的累积滞后效应值，同样采用 IQR（表 5-2）作为计算相对危险度的浓度变化单位，计算结果见表 5-11 和表 5-12。综合图表信息的比较，发现除 CO 以外，其他 5 种大气污染物均对 0～14 岁儿童呼吸道疾病住院数量的影响在滞后 7 d 之内均显著；对 15～64 岁成年人以及 65 岁以上老年人的显著影响则在滞后第 5～7 天后表现出来，对 65 岁以上老年人的影响在滞后第 5 天时表现出来，对 15～64 岁成年人的影响在滞后第 7 天时表现出来。从各污染物对不同年龄段呼吸道疾病住院数量的相对危险度数值来看，不同年龄段之间存在较明显的差异。

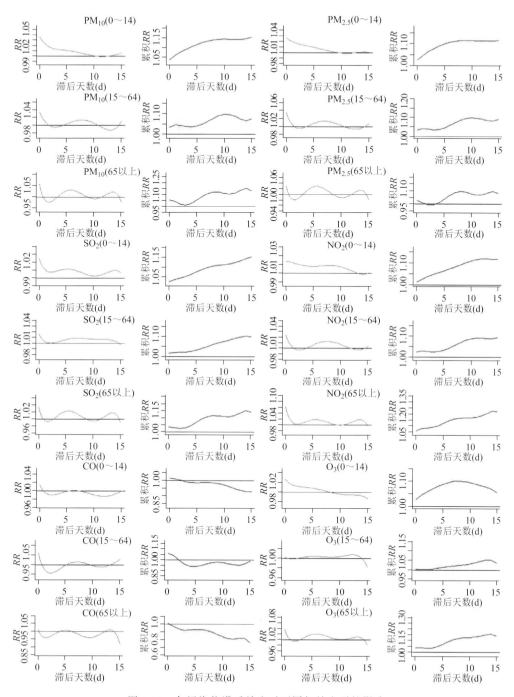

图 5-16　各污染物滞后效应对不同年龄人群的影响

表 5-11　滞后 1 天时各污染物对不同年龄段的相对危险度

污染物	0～14 岁	15～64 岁	65 岁以上
SO_2	**1.033(1.014,1.057)** *	1.015(0.981,1.074)	1.018(0.982,1.052)
NO_2	**1.023(1.008,1.034)** *	1.021(0.989,1.047)	1.043(0.992,1.094)
CO	1.006(0.961,1.046)	1.005(0.951,1.048)	0.961(0.904,1.062)
O_3	**1.016(1.006,1.027)** *	1.008(0.992,1.017)	1.012(0.998,1.035)
PM_{10}	**1.052(1.033,1.069)** *	**1.021(1.012,1.037)** *	1.019(0.997,1.048)
$PM_{2.5}$	**1.055(1.034,1.073)** *	**1.025(1.012,1.042)** *	1.014(0.990,1.047)

注：* 表示 $P<0.05$。

表 5-12　滞后 1 周时各污染物对不同年龄段的相对危险度

污染物	0～14 岁	15～64 岁	65 岁以上
SO_2	**1.074(1.034,1.107)** *	**1.037(1.015,1.056)** *	**1.079(1.035,1.114)** *
NO_2	**1.114(1.069,1.155)** *	**1.064(1.041,1.087)** *	**1.121(1.061,1.182)** *
CO	0.979(0.906,1.057)	0.944(0.845,1.062)	0.935(0.806,1.085)
O_3	**1.051(1.023,1.082)** *	**1.024(1.008,1.049)** *	**1.056(1.019,1.092)** *
PM_{10}	**1.148(1.102,1.175)** *	**1.074(1.031,1.112)** *	**1.132(1.098,1.173)** *
$PM_{2.5}$	**1.161(1.113,1.194)** *	**1.089(1.045,1.125)** *	**1.144(1.103,1.185)** *

注：* 表示 $P<0.05$。

在滞后一天的情况下，除 CO 之外的气体污染物均只对儿童呼吸道疾病住院数量有显著的影响，对 15～64 岁成年人以及 65 岁以上的老年人均无显著影响；颗粒污染物对 0～14 岁儿童以及 15～64 岁成年人有显著影响，对老年人无显著影响。在滞后 1 周的情况下，除 CO 以外的其他 5 种污染物均对各年龄段呼吸道疾病住院数量表现出显著的影响。其中 SO_2 与 O_3 对 0～14 岁儿童以及 65 岁以上老年人的影响明显高于 15～64 岁成年人的影响，且具有统计学意义。NO_2 对 65 岁以上老年人的影响明显高于对 0～14 岁儿童以及 15～64 岁成年人的影响，且具有统计学意义。颗粒污染物对 0～14 岁儿童的影响明显高于对 15～64 岁成年人的影响，且具有统计学意义。由于对老年人影响效应的置信区间与对其他两种年龄段影响效应的置信区间均有交叉，所以无法进行具有统计意义的比较。

5.5.3　儿童与成人滞后效应的时空差异分析

基于 5.5.2 节的分析结果可以看出，大气污染物对儿童呼吸道健康的影响尤其显著，其中 $PM_{2.5}$ 的影响最为显著。因此，本节将着重探讨深圳市 2013 年 0～14 岁儿童呼吸道疾病住院病例与 $PM_{2.5}$ 的暴露—反应关系，同时与成人组进行对比分析。

首先，我们对 2013 年深圳市儿童急性呼吸道住院病例的数量特征进行统计分析,进一步细化 0～14 岁年龄段内不同年龄儿童的病例数量分布情况,结果如图 5-17 所示。从图上可以看出,随着年龄的增长,住院儿童的数量逐渐减少,1 岁以下儿童的住院人数远超其他年龄组。同时,在 1 岁以下儿童住院病例中,急性下呼吸道感染病例的数量明显多过急性上呼吸道感染病例;然而在其他年龄段中,两种呼吸道疾病的病例数量比例非常相近。

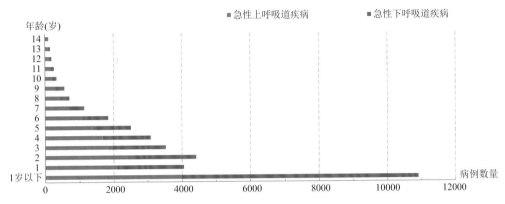

图 5-17 0～14 岁儿童呼吸道疾病病例年龄结构

其次,我们从病例点的空间位置着手进行空间统计分析。图 5-18a 的底图显示的是 2013 年深圳 PM$_{2.5}$ 质量浓度的空间分布,专题图层显示的是 0～14 岁儿童和 14 岁以上成人的急性呼吸道疾病病例数量统计的空间分布特征;图 5-18b 展示的是急

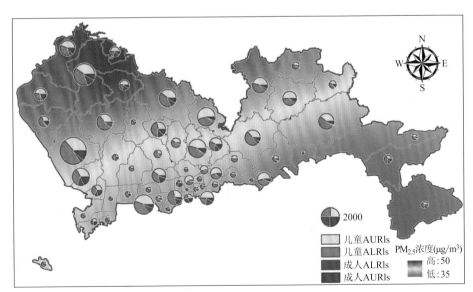

(a) PM$_{2.5}$ 质量浓度的空间分布以及呼吸道疾病的空间统计
(AURIs:急性上呼吸道疾病病例;ALRIs:急性下呼吸道疾病病例)

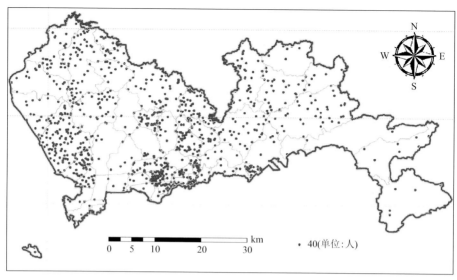

(b) 急性呼吸道疾病病例点的空间位置图

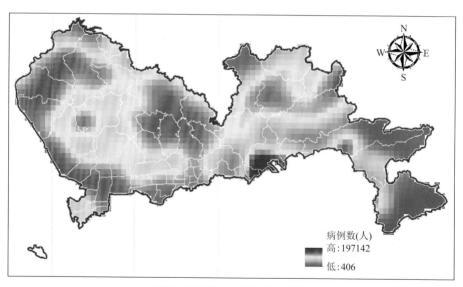

(c) PM$_{2.5}$的人群暴露水平空间分布图

图 5-18　PM$_{2.5}$ 浓度、人群暴露水平与急性呼吸道疾病病例的空间分布

性呼吸道疾病病例点的空间位置图,图 5-18c 展示的是 PM$_{2.5}$ 人群暴露水平(计算公式为浓度乘以人口数量)的空间分布。从图上可以看出,PM$_{2.5}$ 浓度的空间格局总体呈西北高、东南低的趋势,与急性呼吸道疾病病例的空间分布格局有明显差异。在加入人群分布因素考虑人群暴露水平的情况下,PM$_{2.5}$ 暴露水平与急性呼吸道疾病病例分布的空间相似性明显增加。此外,就整体急性呼吸道疾病病例的空间统计而言,

每个统计单位的儿童病例数量均远远多于成人病例,但从病种的分类(急性上呼吸道和急性下呼吸道)来看,儿童和成人的比例并没有明显的空间差异特征。

为了进一步量化污染物的暴露水平和呼吸道病例数量的空间相似程度,我们计算了两者之间的相关系数 r,从统计学角度探讨儿童和成人之间的显著差异。相关结果(见图 5-19)显示验证了儿童和成人的急性呼吸道患病人数与 $PM_{2.5}$ 的人群暴露水平在空间上显著相关。在不同的病种之间,儿童病例和成人病例表现出了明显差异。儿童急性下呼吸道的病例数与 $PM_{2.5}$ 人群暴露水平的空间相关性最高($r = 0.69$),成人急性下呼吸道的病例数与 $PM_{2.5}$ 人群暴露水平的空间相关性最低($r = 0.34$)。至于急性上呼吸道疾病,儿童($r = 0.62$)和成人($r = 0.66$)病例数与 $PM_{2.5}$ 人群暴露水平的相关系数都相对较高,并且成人略高于儿童。然而,值得注意的是,相关系数的大小并不能直接量化变量间的影响[104],它只是为后面 $PM_{2.5}$ 与呼吸道病例的滞后效应分析提供了有价值的参考。

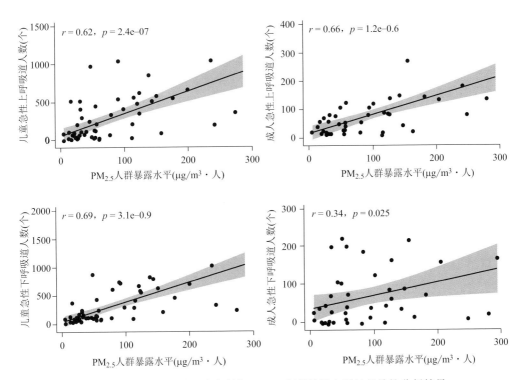

图 5-19　急性呼吸道住院病例与 $PM_{2.5}$ 人群暴露水平的相关性分析结果

在完成了对污染物暴露与呼吸道病例数量的空间关联分析后,接下来继续采用滞后分析模型从时间上来分析二者的暴露—反应关系,分析方法依然采用 5.2 节中介绍的方法。本小节将拟分析的病例根据病种和年龄分为 4 组,分别为 0～14 岁儿童急性上呼吸道疾病、0～14 岁儿童急性下呼吸道疾病、15 岁以上成人急性上呼吸道疾病和 15 岁以上成人急性下呼吸道疾病。为了增加分析结果的可信度,考虑到与同类型研究结果进行对比讨论,因此,本小节 $PM_{2.5}$ 浓度变化值设为同类研究普遍采用的 $10~\mu g/m^3$,即分析 $PM_{2.5}$ 浓度每上升 $10~\mu g/m^3$,对不同组病例影响的相对危险度。图 5-20 显示了 $PM_{2.5}$ 对 4 种不同病种和人群分组病例的单日滞后和滞后 15 d 累积滞后效应的相对危险度的分布特征,左侧图上的黑色线段和右侧图上的灰色区域均

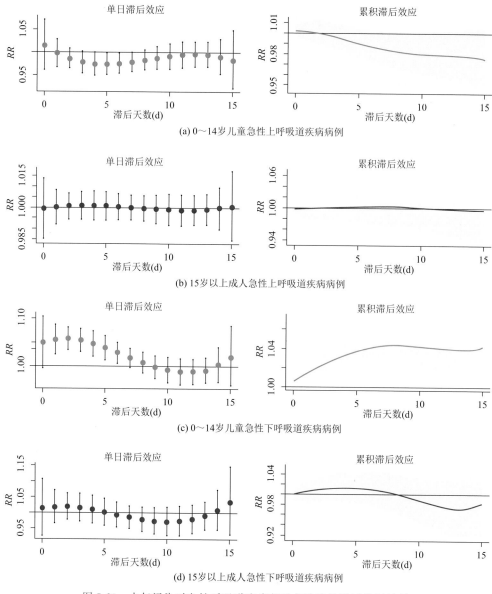

(a) 0~14 岁儿童急性上呼吸道疾病病例

(b) 15 岁以上成人急性上呼吸道疾病病例

(c) 0~14 岁儿童急性下呼吸道疾病病例

(d) 15 岁以上成人急性下呼吸道疾病病例

图 5-20　大气污染对急性呼吸道疾病相对危险度的滞后分析结果
(左侧图为单日滞后,右侧图为累积滞后)

代表相对危险度的 95% 置信区间。从图上结果可以看出,$PM_{2.5}$ 只对儿童下呼吸道疾病表现出显著的滞后效应,滞后时间为 6 d;至于对儿童上呼吸道疾病和成人上呼吸道、下呼吸道疾病均没有表现出明显的滞后效应。表 5-13 显示的是在 15 d 滞后时间段内 $PM_{2.5}$ 对 4 种病种人群分组的累计滞后效应数值及其 95% 置信区间,其中只有对儿童的急性下呼吸道疾病的滞后效应是显著的,即 $PM_{2.5}$ 每增加 10 $\mu g/m^3$,儿童急性下呼吸道疾病病例人数会增加 4.3%(95%CI:1.2%,7.2%)。

表 5-13　污染物浓度每升高 10 μg/m³ 滞后 15 d 内急性呼吸道疾病数量变化的百分比

人口	急性上呼吸道		急性下呼吸道	
	百分比	滞后	百分比	滞后
儿童(0～14 岁)	−2.5(−5.5,0.6)	-	4.3(2.5,6.1)*	6
成人(15 岁以上)	−0.3(−6.6,6.5)	-	−1.8(−8.4,5.3)	-

注:* 表示 $P < 0.05$。

针对儿童群体的关于大气污染与呼吸系统健康的同类型研究在全世界范围也得到了广泛的开展,得出相似的研究结果:澳大利亚和新西兰的一项病例交叉研究表明,$PM_{2.5}$ 浓度每增加 3.8 $\mu g/m^3$,1 岁以下儿童呼吸系统入院人数相关联地增加 2.4%(95%CI:1.0%,3.8%),而 PM_{10} 浓度每增加 7.5 $\mu g/m^3$,5～14 岁儿童呼吸系统入院人数相关联地增加 1.9%(95%CI:0.1%,3.8%)[105];三项欧洲 0～14 岁儿童呼吸系统入院研究的分析报告指出,PM_{10} 浓度每增加 10 $\mu g/m^3$,入院率相关联地增加 1.0%(95%CI:−0.2%,2.1%)[106];另一个采用贝叶斯方法的研究得出,从长期影响的角度来看,年平均 $PM_{2.5}$ 浓度每增加 10 $\mu g/m^3$,急性下呼吸道疾病数量会相应增加 12%(3%,30%)[107]。

本节分别从空间相关和时间滞后两个角度分析了 $PM_{2.5}$ 与儿童呼吸道疾病病例的关联,并且对比了其与成人呼吸道疾病病例的差异。首先,从空间相关的结果来看,只有儿童急性下呼吸道疾病病例数量与 $PM_{2.5}$ 的浓度分布有显著的相关性,成人病例则没有,这是儿童群体与成人群体显著差异的一方面;其次,从时间滞后效应分析结果来看,$PM_{2.5}$ 对儿童和成人急性下呼吸道疾病病例的滞后效应也存在显著差异,这是两个年龄群体差异的另一方面。因此,我们可以得出:$PM_{2.5}$ 对儿童和成人呼吸系统的健康影响效应在空间和时间上均表现出显著差异,并且主要表现在对下呼吸道健康的影响。

综上所述,$PM_{2.5}$ 污染对深圳市儿童下呼吸道健康的影响不容忽视。先前的一项研究表明,包括细菌和病毒引起的肺炎和毛细支气管炎等在内的急性下呼吸道感染是全世界幼儿死亡的最大单一原因之一,该疾病的发生与暴露于室内外燃烧源性的空气污染密切相关[108]。此外,急性下呼吸道疾病的发生率是估算 5 岁以下儿童的死亡率和健康寿命损失程度的一项重要参考数据[109]。由此可见,保护下呼吸道健康对于保障儿童健康的重要程度。因此,探索和发现大气污染对儿童呼吸系统健康的影响规律,并有效地把大气污染物浓度控制在合理的范围之内,从源头上降低儿童感染的风险,对降低儿童死亡率具有重要意义。

5.6 高污染物浓度阈值下的滞后效应分析

本节特别针对污染物浓度超过一定阈值的天数进行分析,探究高污染水平影响下的滞后效应在不同人群的差异。

5.6.1 单一污染物滞后效应分析

首先,利用 GAM 中的平滑函数依次模拟滞后 15 d 内呼吸道感染病例与几种大气污染物浓度的暴露—反应关系。基于 5.3.4 节对不同病种滞后效应分析的结果,本节在病种上选择急性上呼吸道疾病和急性下呼吸道疾病两种病种进行分析。结果(图 5-21 显示了滞后第 10 天的暴露—反应关系模拟结果)表明,针对两种病种,除 SO_2 以外的其他 3 种大气污染物均表现出明显的阈值拐点,如表 5-14 所示,并且在污染物的浓度超过该阈值的情况下,它们对呼吸系统疾病的影响呈现线性上升的趋势。于是,在之前的滞后分析模型的基础上,进一步通过设置阈值来对高浓度污染水平下的暴露反应关系进行分析与对比。同时,对不同人群的实验结果表明,上呼吸道感染和下呼吸道感染对每种大气污染物的阈值是相同的。因此,下面的分析我们对每种大气污染物采用了统一的阈值设置。

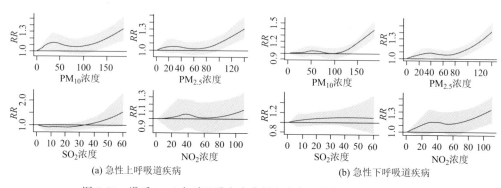

(a) 急性上呼吸道疾病　　　　　　　(b) 急性下呼吸道疾病

图 5-21　滞后 15 d 内呼吸道疾病病例与大气污染物浓度($\mu g/m^3$)的
暴露—反应关系平滑曲线

表 5-14 展示的是滞后 15 d 的情况下 4 种大气污染物在超过阈值浓度时对两种病种的住院人数的累计影响效应,即随着污染物浓度每增加 10 $\mu g/m^3$,相应的住院人数变化的百分比例,括号里的数值是变化比例的 95% 的置信区间。从表 5-14 和图 5-22 可以看出,除 SO_2 之外,其他 3 种大气污染物均表现出显著的滞后效应:PM_{10} 的滞后天数为 8~13 d,$PM_{2.5}$ 的滞后天数为 7~13 d,NO_2 的滞后天数范围较宽,在滞后 1~13 d 均有显著影响;对急性上呼吸道住院病例来说,PM_{10} 和 $PM_{2.5}$ 在阈值

浓度之上浓度每增加 10 $\mu g/m^3$,病例人数相应增加 13.5%(95% CI：5.6,22)和
20.6%(95% CI：5.6,37.7),NO_2 对其影响效果则不显著;对急性下呼吸道住院病
例来说,PM_{10}、$PM_{2.5}$ 和 NO_2 在阈值浓度之上浓度每增加 10 $\mu g/m^3$,病例人数则相
应增加 22.8%(95% CI：16.5,29.3)、34.1%(95% CI：21,48.6)和 32.1%(95%
CI：20.5,44.9)。

表 5-14　污染物浓度每升高 10 $\mu g/m^3$ 滞后 15 d 内急性呼吸道疾病数量变化的百分比

污染物	阈值	急性上呼吸道疾病	急性下呼吸道疾病
PM_{10}	100($\mu g/m^3$)	13.5(5.6,22.0) *	22.8(16.5,29.3) *
$PM_{2.5}$	80($\mu g/m^3$)	20.6(5.6,37.7) *	34.1(21.0,48.6) *
SO_2	30($\mu g/m^3$)	7.4(−79,81.3)	9.2(−66.9,84.1)
NO_2	60($\mu g/m^3$)	9.2(−3.8,24)	32.1(20.5,44.9) *

注：* 表示 $P < 0.05$。

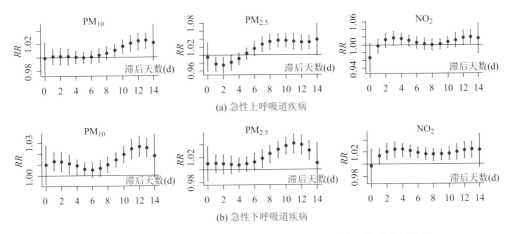

图 5-22　大气污染对急性呼吸道疾病相对危险度的单天滞后分析结果

5.6.2　多种污染物滞后效应分析

同样地,在对单一污染物与呼吸道疾病住院病例数关系进行了系统分析后,接下
来继续对多种污染物与呼吸道疾病住院病例数的混杂影响关系进行分析,着重探讨
各污染物之间是否存在相互影响进而对影响产生加成效应。

为保证回归模型中各变量的独立性,参照表 5-15,本节选择相关系数 R^2 小于
0.7 的污染物组合进行分析。表 5-16 比较了单污染物和多污染物模型的结果。对于
SO_2,在加入其他大气污染物进行调整后,其滞后效应保持不显著;对于 PM_{10}、$PM_{2.5}$
和 NO_2,在加入 SO_2 进行调整后,其滞后效应变得不显著;对于其余组合,在加入其
他污染物进行调整后,其滞后效应无显著变化。总而言之,在任何污染物组合中均未
检测到加成效应。

表 5-15　大气污染物日均浓度的相关系数

	NO_2	PM_{10}	$PM_{2.5}$
SO_2	0.46	0.68	0.66
NO_2		0.57	0.45
PM_{10}			0.92

表 5-16　多污染物影响对呼吸道疾病住院数量的综合效应分析

污染物	辅助污染物	急性上呼吸道	急性下呼吸道
SO_2	无	7.4(−79,81.3)	9.2(−66.9,84.1)
	NO_2	7.2(−67,81.4)	7.9(−51.3,67.1)
	PM_{10}	8.6(−53.3,70.5)	10.3(−48.1,68.7)
	$PM_{2.5}$	6.9(−60.5,74.3)	8.7(−41.1,58.5)
NO_2	无	9.2(−3.8,24)	32.1(20.5,44.9)*
	SO_2	7.3(−2.2,26.7)	10.5(−3.3,23.2)
	PM_{10}	8.6(−1.8,18.9)	25.1(18.8,31.4)*
	$PM_{2.5}$	8.9(−1.5,19.2)	27.3(19.2,35.4)*
PM_{10}	无	13.5(5.6,22.0)*	22.8(16.5,29.3)*
	SO_2	7.3(−2.2,26.7)	10.5(−3.3,23.2)
	NO_2	10.3(1.2,19.7)*	15.3(8.2,22.9)*
$PM_{2.5}$	无	20.6(5.6,37.7)*	34.1(21.0,48.6)*
	SO_2	7.3(−2.2,26.7)	10.5(−3.3,23.2)
	NO_2	10.3(1.2,19.7)*	15.3(8.2,22.9)*

注：* 表示 $P<0.05$。

5.6.3　不同患病群体的滞后效应对比分析

在本节中,我们继续从性别和年龄的分组对比角度探讨大气污染对急性呼吸道疾病的滞后效应。同样是采用设置阈值的滞后分析模型,分别针对全体病例、男性病例、女性病例、儿童病例(0～14 岁)、成人病例(15～64 岁)、老年病例(65 岁以上)样本数据进行分析。结果如图 5-23 所示,在性别方面,无论男性病例还是女性病例,急性上呼吸道疾病住院人数与 PM_{10} 和 $PM_{2.5}$ 之间均存在显著相关性,急性下呼吸道疾病住院人数与 PM_{10}、$PM_{2.5}$ 和 NO_2 之间也都存在显著相关性。除了 $PM_{2.5}$ 与急性下呼吸道病例数的关联没有明显的男女性别差异以外,在其他几种情况下,大气污染物对急性上下呼吸道疾病的相对危险度均表现出男性低于女性。然而由于它们的置信区间存在重叠部分,因此表现出的性别差异没有统计学意义。

在年龄方面,各种大气污染物与不同年龄段病例数量的关联则表现出明显的不同。对于急性上呼吸道疾病,只有 14 岁以下儿童的病例数量与 PM_{10} 和 $PM_{2.5}$ 有显著相关性;对于急性下呼吸道疾病,14 岁以下儿童病例数量和 15～64 岁的成人病例数量与 PM_{10} 和 $PM_{2.5}$ 有显著相关性,14 岁以下儿童病例数量和 65 岁以上的老年病例数量与 NO_2 有显著相关性。与 PM_{10} 和 $PM_{2.5}$ 相关的 14 岁以上的成人和老年的急性下呼吸道疾病的相对危险度普遍小于与 PM_{10} 和 $PM_{2.5}$ 相关的 14 岁以下的儿童急性下呼吸道疾病的相对危险度;此外,与 NO_2 相关的 65 岁以上老年急性呼吸道疾病的相对危险度会高于 14 岁以下儿童急性呼吸道疾病的相对危险度。

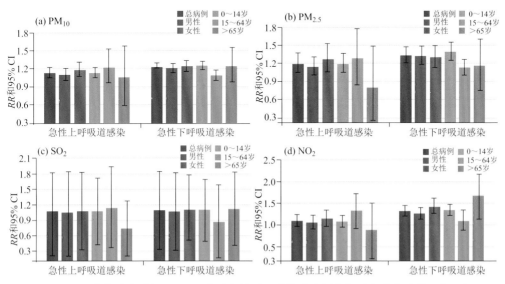

图 5-23　污染物浓度增加 10 $\mu g/m^3$ 对急性呼吸道住院病例的相对危险度及其置信区间

图 5-24 展示的是 PM_{10}、$PM_{2.5}$ 和 NO_2 对不同人群患呼吸道疾病相对危险度的滞后分布情况。对于急性上呼吸道疾病,首先,从性别上对比来看,男性群体和女性群体之间没有明显的差异,均表现为:PM_{10} 和 $PM_{2.5}$ 分别在 9～10 d 和 7～8 d 的滞后时间内出现显著相关性,在第 13 天滞后效应变为不显著,而 NO_2 则没有表现出显著相关性。其次,从年龄上对比来看,只有 14 岁以下的儿童患者与 PM_{10}(滞后 9～13 d)和 $PM_{2.5}$(滞后 7～13 d)存在显著相关性,其他两个年龄组的患者人数与任一大气污染物均未检测到显著相关性。

对于急性下呼吸道疾病,首先从性别上对比来看,男性群体和女性群体表现出轻微不同的模式:在男性群体里,患病数量与 PM_{10} 显著相关的滞后时间为 1～4 d 和 9～13 d,与 $PM_{2.5}$ 显著相关的滞后时间为 8～13 d;而女性群体与 PM_{10} 显著相关的滞后时间为 0～1 d 和 7～13 d,与 $PM_{2.5}$ 显著相关的滞后时间为 5～11 d。从对比中可以看出,在急性下呼吸道疾病患病与颗粒污染物的关联中,女性群体的滞后时间普遍比男性群体短。其次从年龄对比来看,对于 14 岁以下的儿童患者,PM_{10}、$PM_{2.5}$ 和 NO_2 的滞后时间分别为 1～14 d、5～13 d 和 1～13 d;对于 15～64 岁的成人患者,PM_{10} 和 $PM_{2.5}$ 的滞后时间分别为 11～13 d 和 10～12 d;对于年龄超过 65 岁的老年

分类	单天滞后效应分布图

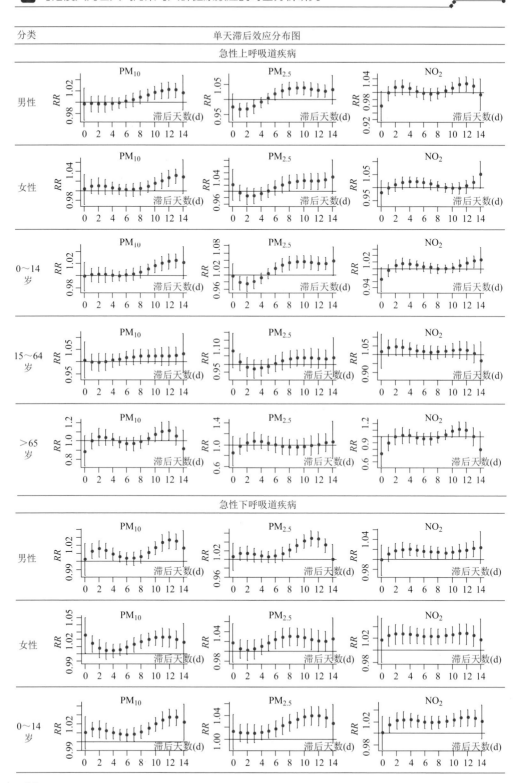

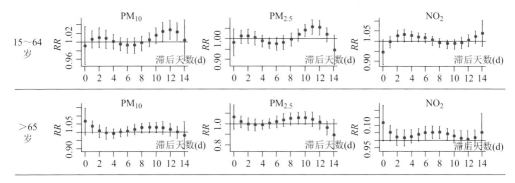

图 5-24　大气污染对急性呼吸道疾病相对危险度的单天滞后分析结果

患者,患病人数数量仅与 NO_2 显著相关,滞后天数为 6～9 d。具体来看,在大气污染物浓度超过设定阈值的情况下,污染物浓度每增加 10 $\mu g/m^3$,在滞后 15 d 内不同人群患病人数变化的百分比如表 5-17 所示。

表 5-17　污染物浓度每增加 10 μg/m³ 滞后 15 d 内急性呼吸道疾病数量变化的百分比

疾病	人群	PM_{10}	$PM_{2.5}$	SO_2	NO_2
急性上呼吸道	男性	10.3(1.2,20.3)*	15.6(1.3,30.1)*	5.2(−79.5,83.6)	5.7(−9.2,23.0)
	女性	18.3(7.3,30.5)*	27.9(6.5,53.6)*	8.1(−67.5,82.2)	14.1(−3.7,35.1)
	0～14 岁	13.1(5.2,21.6)*	20.2(5.3,37.3)*	7.1(−57.0,71.3)	8.0(−5.0,22.8)
	15～64 岁	21.5(−3.4,52.7)	29.6(−15.2,78.1)	13.1(−62.9,93.3)	31.9(−7.9,71.9)
	>65 岁	6.5(−40.8,55.9)	−19.1(−73.8,49.1)	−26.4(−79.7,26.7)	−10.7(−76.5,49.9)
急性下呼吸道	男性	20.8(13.7,28.2)*	33.2(18.7,49.7)*	6.7(−69.5,81.3)	26.1(13.4,40.3)*
	女性	24.2(15.6,33.4)*	31.0(13.9,50.5)*	10.3(−48.3,77.0)	42.9(26.6,61.3)*
	0～14 岁	25.1(18.5,32.0)*	40.2(26.0,56.1)*	9.1(−50.8,68.6)	34.2(7.3,30.5)*
	15～64 岁	8.6(1.5,17.6)*	13.4(0.6,26.2)*	−13.7(−83.9,58.3)	9.2(−11.8,35.2)
	>65 岁	23.7(−1.4,55.4)	16.9(−24.5,60.9)	11.4(−58.9,83.0)	68.1(14.1,147.6)*

注: * 表示 $P < 0.05$。

大气污染物与人群健康的暴露—反应关系对于公共健康评估至关重要。评估分析得到暴露—反应关系可能因研究区域而异,具体情况取决于研究区域的大气污染成分、气候和研究人群的健康状况等因素[110]。本研究以大气污染水平较低的深圳市为例,建立了空气污染物浓度与急性呼吸道感染住院次数的非线性暴露—反应曲线。本节的研究结果表明,大气污染物超过临界浓度时,对呼吸系统健康有明显的呈线性增长的不良影响。同时,经研究发现的阈值甚至低于国内每日空气质量标准规定的 PM_{10}、SO_2 和 NO_2 浓度(表 5-18)。因此,进一步控制大气污染问题将更有利于城市的宜居、宜业发展和生态文明建设。

表 5-18　深圳市大气污染物分析所得阈值与国内空气质量标准日浓度上限

污染物	阈值 （$\mu g/m^3$）	超过阈值天数 （d）	日标准上限 （$\mu g/m^3$）	超过上限天数 （d）
PM_{10}	100	63	150	13
$PM_{2.5}$	80	31	75	44
SO_2	30	5	150	0
NO_2	60	48	80	6

5.7　讨论与小结

本章采用了广义相加模型以及分布滞后非线性模型分别从单独滞后以及累积滞后的角度系统分析了深圳市大气污染物对呼吸道疾病住院病例的影响，主要包括：①比较了大气污染物的滞后效应在污染物浓度、滞后天数以及季节上的差异；②研究了大气污染物对不同的患病群体的影响，并且从滞后模式以及效应强弱两个角度进行了比较；③进一步研究了大气污染物对不同疾病种类的滞后影响效应，并且从滞后模式以及效应强弱两个角度进行了比较；④就深圳市不同区域的大气污染物对呼吸道疾病住院率的滞后效应进行了研究；⑤探讨了各污染物在对呼吸道疾病住院数量的影响上是否存在相互作用，对污染物组合效应与呼吸道疾病住院数量的关系进行了回归分析；⑥进一步探讨了高污染浓度范围下各污染物对呼吸道疾病住院数量的滞后效应。

为了将本研究所计算出的污染物对呼吸道疾病住院数量的影响效应与其他城市相关成果进行比较，本研究进一步计算了每增长 10 $\mu g/m^3$ 浓度变化下的各污染物对呼吸道疾病住院数量的相对危险度，见表 5-19。

表 5-19　深圳市各污染物对呼吸道疾病的影响效应

滞后天数 （d）	污染物	相对危险度	置信区间	增长比率 （%）	相关成果参考（%）	
					国内	国外
15	SO_2	1.093	(1.059, 1.137)	9.3	1.3～3.0	0.6～1.6
10	NO_2	1.033	(1.021, 1.038)	3.3	1.8～3.0	0.9～1.1
7	O_3	1.014	(1.007, 1.020)	1.4		
7	PM_{10}	1.027	(1.020, 1.035)	2.7	0.4～1.6	1.0～2.4
7	$PM_{2.5}$	1.031	(1.021, 1.043)	3.1		

根据表 5-19 可得出 2013 年在深圳，PM_{10} 的浓度每增长 10 $\mu g/m^3$，总呼吸道疾病住院数量会增长 2.7%；$PM_{2.5}$ 的浓度每增长 10 $\mu g/m^3$，总呼吸道疾病住院数量会增长 3.1%；NO_2 的浓度每增长 10 $\mu g/m^3$，总呼吸道疾病住院数量会增长 3.3%；O_3

的浓度每增长 10 $\mu g/m^3$,总呼吸道疾病住院数量会增长 1.4%;SO_2 的浓度每增长 10 $\mu g/m^3$,总呼吸道疾病住院数量会增长 9.3%。在中国其他城市中,PM_{10}、SO_2 与 NO_2 的浓度每增长 10 $\mu g/m^3$,相应的总呼吸道疾病住院数量会分别增长 0.4% ～ 1.6%、1.3% ～ 3.0% 与 1.8% ～ 3.0%[111-113]。在欧洲与美国等城市,PM_{10}、SO_2 与 NO_2 的浓度每增长 10 $\mu g/m^3$,相应的总呼吸道疾病住院数量会分别增长 1.0% ～ 2.4%、0.6% ～ 1.6% 与 0.9% ～ 1.1%[114-116]。

综上,深圳市各大气污染物对呼吸道疾病住院数量的影响效应均高于国内其他城市与欧美城市。对该现象的解释可归结为两点原因:第一,由于其他城市的参考数值取得年份较早,均在 2010 年之前,早于本研究的研究时间 2013 年至少 3 年以上,参考城市的污染水平会有所变化,尤其当涉及国内城市,国内城市在 2010 年之后的污染水平均有一定程度的恶化;第二,由于深圳大气环境质量相对较好,当地居民对大气污染物不良影响的抗性较弱,因此对污染物浓度的升高较为敏感,产生的不良效应较显著。

当然,我们的研究还存在一些局限性。虽然中国的住院通常是不定期的,但我们不能排除定期的可能。在大多数相关的研究中,我们只是简单地平均了整个城市的污染水平,作为人群暴露于空气污染水平的代表。考虑到不同地点的污染物浓度可能不同,环境污染物浓度也因个人暴露水平和空气污染水平不同而不同,简单的平均法可能会引起许多问题[117]。在时间序列空气污染研究中,这些估算值和真实暴露之间的差异产生了固有的和不可避免的测量误差。使用个人曝光监测仪可能有助于解决这个问题,但是,在中国目前的情况下,使用个人曝光监测仪的成本太高。同时,与欧洲和北美的其他空气污染研究相比,我们收集的数据有限,仅来自一个城市,而且时间序列仅一年,由于其特殊的地理位置或流感暴发等异常事件,可能会导致意外的错误。此外,我们也未能控制季节性。为了提高分析的可靠性和准确性,应在更多的城市收集至少两年的长期数据,并在模型中加入季节性控制以供进一步研究。

第6章 结论与展望

对深圳市污染物时空分布与人类健康效应的研究不仅可以了解到深圳市近年来大气环境的污染程度、首要污染物、重点污染区域以及季节变化等信息,为环保部门提供科学的数据参考,还可以更好地理解低污染地区大气污染物浓度与人类健康效应的关系以及不同大气污染物对不同人群、不同病种的影响特点,为城市大气污染与人类健康效应的相关研究提供典型的案例支持。

6.1 研究结论与创新点

6.1.1 研究结论

本书根据 2013 年深圳市 6 种大气污染物的站点监测数据以及深圳市医学信息中心收录的呼吸道疾病住院病例数据,系统分析了 $PM_{2.5}$、PM_{10}、CO、SO_2、O_3 和 NO_2 六种大气污染物的时空分布特征及其对呼吸道疾病住院病例的影响效应,在此过程中进行了以下几个方面的工作。

(1)对深圳市大气污染物的站点监测数据进行了统计分析以及空间插值处理,并以此为基础进一步研究了 2013 年深圳市各污染物的时空分布格局,包括季节变化、空间变化趋势、污染物构成以及与气象条件的关联,结论如下:

① 季节变化上,除 O_3 之外的其余 5 种污染物浓度由高到低的季节依次是冬季、秋季、春季和夏季,O_3 由于秋季最高,则呈现秋季>冬季>春季>夏季的污染水平;

② 空间分布趋势上,颗粒污染物和 SO_2 呈现明显的西北向东南递减的分布特征,NO_2 呈现自西南向东北递减的特点,CO 和 O_3 则无明显的空间变化规律;

③ 污染物构成比例上,深圳市全年主要大气污染物为颗粒污染物,冬季尤其以 $PM_{2.5}$ 为主,南部的人口密集区在春季与冬季会出现较高比例的 NO_2 污染,罗湖区、龙华新区、光明新区以及龙岗区在秋季会出现较高比例的 O_3 污染;

④ 与气象条件的关联上,6 种大气污染物的浓度水平与深圳市气象条件有着较显著的联系,刮风与降雨均会对大气污染物产生疏散的效果,然而由于受到周围地区污染源的影响,来自东北方向的风对深圳市各污染物会起到加重污染的效果。

(2)采用了广义相加模型以及分布滞后非线性模型分别从单独滞后和累积滞后的角度系统分析了 2013 年深圳市大气污染物对呼吸道疾病住院病例的影响,具体包括:

① 比较了大气污染物对呼吸道疾病住院数量的影响滞后天数以及季节上的差

异,结果显示除了 CO,其他 5 种污染物对呼吸道疾病住院数量均有滞后影响。其中臭氧和颗粒污染物的影响在 1 周左右消失,NO_2 的影响在 11 d 左右消失,SO_2 的影响在 15 d 消失。从影响程度来看,颗粒污染物的 RR 值最高,其次是 NO_2、SO_2,最弱的为 O_3。因此,可推断颗粒污染物是深圳市影响呼吸道疾病住院人数最主要的污染物因素;冷季时,除 CO 之外,其他 5 种污染物均对呼吸道疾病住院人数有显著影响,暖季时 6 种污染物均对呼吸道疾病住院人数没有显著影响。

② 研究了大气污染物对不同的患病群体的影响,分析结果表明性别上,除 CO 以外,其他 5 种大气污染物均对不同性别的呼吸道疾病住院数量表现出较为一致的滞后模式,且影响效应不存在具有统计意义的差异;年龄上,除 CO 以外,其他 5 种大气污染物对 3 个年龄段人群均有显著影响,并且对儿童和老年人的影响明显高于对 15～64 岁成年人的影响。因此,综合以上两点可以得出污染物对呼吸道疾病住院人数的影响存在年龄上的差异,对 0～14 岁儿童和 65 岁以上老年人的影响大于对 15～64 岁年龄段成年人的影响,并且对儿童产生影响的滞后时间短,对成年人及老年人产生影响的滞后时间较长。

③ 研究了大气污染物对不同疾病种类的滞后影响效应,得出气体污染物与急性呼吸道疾病关联强于非急性呼吸道疾病,并且随着滞后时间的推移,对下呼吸道的影响超过对上呼吸道的影响。O_3 只对下呼吸道有影响;颗粒污染物与下呼吸道疾病有显著关联,且与急性下呼吸道疾病的关系强于与非急性下呼吸道疾病。

④ 研究了不同区域内大气污染物对呼吸道疾病住院率的滞后效应,结果表明:SO_2 对罗湖区以及坪山新区的呼吸道疾病住院率影响最大;NO_2 对坪山新区以及光明新区的呼吸道疾病住院率影响最大;O_3 对龙岗区南部以及光明新区的呼吸道疾病住院率影响最大;颗粒污染物对坪山新区、罗湖区以及光明新区的呼吸道疾病住院率影响较大;5 种大气污染物均对盐田区以及大鹏新区无显著影响。

⑤ 从浓度—效应模式来看,光明新区属于高污染物浓度且高影响效应区域,该区域污染物全年平均浓度水平较高且对呼吸道疾病的危险度也较高,因此,可采取相应的污染物防治措施,降低污染物浓度,进而降低呼吸道疾病发病住院的风险。坪山新区、龙岗区南部以及罗湖区属于低污染物浓度但高影响效应区域,该区域污染物全年平均浓度较低,但是污染物浓度的升高对该地区呼吸道疾病的发病住院有较高的影响,需要注意在个别污染物有所升高的天气对当地居民进行提示,采取防护措施。

6.1.2　创新之处

本研究的创新之处主要体现在两个方面,即研究区域与研究方法。在研究区域的选择方面,与国内大部分关于污染物及其对人类健康效应的研究不同,本书没有选择大气环境污染严重的一线城市作为研究对象,而是选择了大气环境质量相对较好,然而同时在近几年也出现了大气污染问题的深圳市作为研究区域,目的在于发现低污染水平区域内的大气污染物是否对人类健康存在着不利影响。

在研究方法上,以往关于城市大气污染对人类健康效应的研究均是从流行病学以及统计分析学的角度着手,以城市为基本分析单位进行研究。本研究从地理信息科学方法论角度出发,借助地理信息分析工具,在污染物数据与人类健康效应数据的处理上,提高了两种数据的空间精度,进而可以将城市划分为若干个多边形区域,在更精细的尺度上对大气污染物与人类健康效应进行研究,从而从更细微的区域变化中揭示大气污染物对人类健康效应的影响。

在对污染物数据的处理上,以往研究直接使用各站点监测浓度的平均值,以站点数据的平均浓度代表城市整体的污染水平,这样"以点带面"的处理方式会不可避免地造成误差,影响分析结果的准确程度。本研究对污染物的站点监测数据进行空间插值,运用地统计分析工具,通过建立数学预测模型,在保证准度的前提下科学地将点数据转换为连续的面数据,进而提高对城市整体污染物浓度水平的评估精度。

在人类健康效应数据的处理上,通过对数据中相关地理信息的表达,将健康数据与空间位置进行关联,进而可以与大气污染物浓度数据进行空间匹配,得到健康数据暴露位置点的大气污染物浓度,进一步提高污染物与人群暴露—反应关系分析结果的科学性与可靠性。

6.2 不足与展望

城市大气污染物与人群健康效应的关系是一个复杂的影响过程,需要考虑多方面因素的综合影响,因此,很难就某一种疾病现象的变化规律发现大气污染物对人群的影响效应。本研究采用呼吸道疾病住院病例数量作为研究对象,探究深圳市各大气污染物浓度变化对其产生的影响,研究过程中存在的问题与不足有以下几点。

① 在对污染物浓度数据进行空间插值的过程中,由于数据获取的限制,只采用了地形因素进行辅助分析。在未来辅助数据充足的情况下,可再加入气象条件、土地利用类型等数据,可进一步提高插值结果的精度与准度。

② 在呼吸道疾病病例数据上,只能够获取到住院病例信息而不能获取门诊病例信息,大大影响了大气污染物对呼吸系统影响效应的评估。因此,本研究只对呼吸道疾病住院病例数量的变化进行了分析与评价,并未涉及对呼吸道疾病发病率的探讨与分析。在未来门诊病例信息可获取的情况下,应采用门诊病例数量的变化作为反映大气污染物对呼吸系统影响效应的参考数据。

③ 在对呼吸道疾病病例数据进行地址匹配的过程中,发现了大量的地址缺失或者地址不详细的情况,导致了地址匹配结果由于缺失大量数据而不可用。因此,本研究不得不以医院地址作为病例数据的空间位置参考信息,将病例数据按照医院覆盖范围采用泰森多边形区域进行统计。该处理方式须建立在就近就医的原则下,尽管深圳市医院在地理位置以及医院等级上分布较均匀,符合就近就医的条件,然而在病例的空间定位上仍不可避免存在一定的误差,对最终的分析结果也有一定的影响,降

低了分析结果的准确度与可信度。在未来保证病例地址详细程度的情况下,应选择采用地址匹配的方式对病例数据进行定位处理。

④ 由于本研究的分析对象为大气污染物对呼吸道疾病的影响效应,因此,会涉及从影响机理的角度对分析结果进行解释的问题。然而,由于缺乏相关医学理论知识,对分析所得结果无法进行较科学的解释。在未来条件允许的情况下,应请教相关呼吸道疾病领域的专家,从医学的专业领域对所得结果的解释提出建议。

参考文献

[1] 周淑贞,束炯.城市气候学[M].北京:气象出版社,1994:49-114.

[2] Lei X,Han Z,Zhang M. Physical,Chemical,Biological Processes and Mathematical Model on Air Pollution[M]. Beijing:China Meteorological Press,1998:69-74.

[3] Weber M L. Air Pollution,Assessment Methodology and Modeling[M]. New York:New York Press,1983:329-329.

[4] 国家统计局.中国城市统计年鉴[M].北京:中国统计出版社,2014:321-327.

[5] 任阵海,万本太,苏福庆,等.当前我国大气环境质量的几个特征[J].环境科学研究,2004,17 (1):1-6.

[6] 刘新玲.2000—2005年山东省大气污染变化特征分析[D].济南:山东大学,2008.

[7] 于淑秋,林学椿,徐祥德.北京市区大气污染的时空特征[J].应用气象学报,2002,13(S):92- 99.

[8] Wang T,Cheung V T F,Lam K S,et al. The characteristics of ozone and related compounds in the boundary layer of the South China coast:Temporal and vertical variations during autumn season[J]. Atmospheric Environment,2001,35:2735-2746.

[9] Tao Y B,Huang W,Huang X L,et al. Estimated acute effects of ambient ozone and nitrogen dioxide on mortality in the Pearl River Delta of southern China[J]. Environmental Health Perspectives,2012,120(3):393-398.

[10] Zhang R,Sarwar G,Fung J C H,et al. Examining the impact of nitrous acid chemistry on ozone and PM over the Pearl River Delta Region[J]. Advances in Meteorology,2012,140932:1-18.

[11] 张金艳,张海霞,张桂斌,等.大气污染与居民死亡的相关性研究[J].慢性病学杂志,2013,14 (4):313-316.

[12] 陈仁杰,陈秉衡,阚海东.我国113个城市大气颗粒物污染的健康经济学评价[J].中国环境科 学,2010,3:410-415.

[13] Mahiyuddin W R,Sahani M,Aripin R,et al. Short-term effects of daily air pollution on mortality[J]. Atmos Environ,2013,65:69-79.

[14] Brunekreef B,Holgate S T. Air pollution and health[J]. Lancet,2002,360(9341):1233-1242.

[15] 张金艳,孟海英,张桂斌,等.北京市朝阳区大气污染与居民每日死亡关系的时间序列研究 [J].环境与健康杂志,2010,27(9):788-791.

[16] 邵慕飞,马玉霞.兰州市空气污染对呼吸系统疾病的影响研究[C].第28届中国气象学会年 会,2011.

[17] 牛璨,白志鹏,刘雅婷,等.空气颗粒物在人体呼吸系统的沉积机制及影响因素研究进展[J]. 环境与健康杂志,2010,9:838-841.

[18] Atkinson R W,Anderson H R,Sunyer J,et al. Acute effects of particulate air pollution on

respiratory admissions: results from APHEA 2 project. Air pollution and health: A European approach[J]. Am J Respir Crit Care Med,2001,164(10):1860-1866.

[19] Francesca D,Roger D,Michelle L,et al. Fine particulate air pollution and hospital admission for cardiovascular and respiratory diseases[J]. NIH Public Access,2006,295(10): 1127-1134.

[20] Guo Y,Jia Y,Pan X,et al. The association between fine particulate air pollution and hospital emergency room visits for cardiovascular diseases in Beijing,China[J]. Sci Total Environ,2009, 407: 4826-4830.

[21] Zhang L,Chen X,Xue X,et al. Long-term exposure to high particulate matter pollution and cardiovascular mortality: A 12-year cohort study in four cities in northern China[J]. Environ Int,2014,62: 41-47.

[22] 虞统.空气质量日报中的空气污染指数[J].城市管理与科技,2000,2(1):23-26.

[23] 钟声,丁铭,夏文文.国内外空气污染指数的现状及发展趋势[J].环境监控与预警,2010,6(2):35-38.

[24] 日本環境省.環境大気常時監視マニュアル(5版)[Z].2007.

[25] 中华人民共和国香港特别行政区环境保护署.空气质素指标副指数分级[Z].2006.

[26] 中华人民共和国环境保护部.城市空气质量日报和预报技术规定(征求意见稿)[Z].2008.

[27] 中华人民共和国环境保护部.环境空气质量指数(AQI)技术规定(试行)[Z].2012.

[28] Briggs D,Collins S,Elliott P,et al. Mapping urban air pollution GIS: A regression-based approach[J]. Int J Geogr Inf Sci,1997,11(7): 699-718.

[29] Chen F,Dudhia J. Coupling an advanced land surface-hydrology model with the Penn State-NCAR MM5 modeling system. Part I: Preliminary model validation[J]. Mon Weather Rev, 2000,129: 569-585.

[30] Wu J,Li J,Peng J,et al. Applying land use regression model to estimate spatial variation of PM in Beijing,China[J]. Environ Sci Pollut Res,2015,9:7045-7061.

[31] Liu C,Henderson B H,Wang D F,et al. A land use regression application into assessing spatial variation of intra-urbanfine particulate matter(PM$_{2.5}$) and nitrogen dioxide(NO$_2$) concentrations in City of Shanghai,China[J]. Science of the Total Environment,2016,565: 607-615.

[32] Douaik A,Van Meirvenne M,Toth T. Soil salinity mapping using spatio-temporal kriging and Bayesian maximum entropy with interval soft data[J]. Geoderma,2005,128: 234-248.

[33] Lee S J,Balling R,Gober P. Bayesian maximum entropy mapping and the soft data problem in urban climate research[J]. Annals of the Association of American Geographers,2008,98(2): 309-322.

[34] Yu H L,Chen J C,Christakos G,et al. BME estimation of residential exposure to ambient PM$_{10}$ and Ozone at multiple time-scales[J]. Environmental Health Perspectives,2009,117(4): 537-544.

[35] Mulholland J A,Butler A J,Wilkinson J G,et al. Temporal and spatial distributions of ozone in Atlanta: Regulatory and epidemiologic implications[J]. J Air Waste Manage Assoc,1998,48: 418-426.

[36] Abbey D E,Nishino N,McDonnel W F,et al. Long-term inhalable particles and other air pollu-

tants related to mortality in nonsmokers[J]. Am J Respir Crit Care Med,1999,159: 373-382.

[37] 程念亮,李云婷,邱启鸿,等.2013 年北京市 $PM_{2.5}$ 重污染日时空分布特征研究[J].中国环境监测,2015,31(3):38-42.

[38] 孟健,马小明.Kriging 空间分析法及其在城市大气污染中的应用[J].数学的实践与认识,2002,2:309-312.

[39] Pang W,Christakos G,Wang J F. Comparative spatiotemporal analysis of fine particulate matter pollution[J]. Environmetrics,2009,21(3-4):305-317.

[40] 吕连宏,罗宏.中国大气环境质量概况与污染防治新思路[J].中国能源,2012,34(01):18-21.

[41] 吕连宏,张征,迟志淼,等.地质统计学在环境科学领域的应用进展[J].地球科学与环境学报,2006(01):101-105.

[42] 安兴琴,马安青,王惠林.基于 GIS 的兰州市大气污染空间分析[J].干旱区地理,2006(04):576-581.

[43] 杨洪斌,张云海,邹旭东,等.AERMOD 空气扩散模型在沈阳的应用和验证[J].气象与环境学报,2006(01):58-60.

[44] Fraser R S. Satellite measurement of mass of Sahara dust in the atmosphere[J]. Applied Optics,1976:2471-2479.

[45] Yao L,Lu N. Spatiotemporal distribution and short-term trends of particulate matter concentration over China,2006-2010[J]. Environ Sci Pollut Res,2014,21:9665-9675.

[46] 杨圣杰,陈莎,袁波祥.北京市 $2.5\mu m$ 小颗粒大气气溶胶特征及来源[J].北方交通大学学报,2001,25(6):50-53.

[47] 刘桂青,李成才,朱爱华,等.长江三角洲地区大气气溶胶光学厚度研究[J].环境保护,2003,50-54.

[48] 李成才,毛节泰,刘启汉,等.MODIS 卫星遥感气溶胶产品在北京市大气污染研究中的应用[J].中国科学(D 辑:地球科学),2005,35(S1):177-186.

[49] Katsouyanni K,Touloumi G,Samoli E,et al. Confounding and effect modification in the short-term effects of ambient particles on total mortality: Results from 29 European cities within the APHEA2 Project[J]. Epidemiology,2001,12: 521-531.

[50] Samet J M 1, Dominici F, Curriero F C,et al. Fine particulate air pollution and mortality in 20 U. S. cities[J]. New England Journal of Medicine,2001,344(16):1253-1254.

[51] 常桂秋,潘小川,谢学琴,等 . 北京市大气污染与城区居民死亡率关系的时间序列分析[J].卫生研究,2003,32(6): 565-568.

[52] 汤军克,陈林利,董英,等.上海市闵行区大气污染与居民日死亡关系的时间序列研究[J].环境与职业医学,2006,6:485-487.

[53] Wang P,Cao J J,Shen Z X,et al. Spatial and seasonal variations of $PM_{2.5}$ mass and species during 2010 in Xi'an,China[J]. Science of the Total Environment,2015,508: 477-487.

[54] 贾健,阚海东,陈秉衡,等.上海市闸北区大气污染与死亡率的病例交叉研究[J].环境与健康杂志,2004,21(5): 279-282.

[55] Lee J T,Schwartz J. Reanalysis of the effects of air pollution on daily mortality in Seoul,Korea: A case-crossover design[J]. Environ Health Perspect,1999,107:633-636.

[56] De Hartog J J,Lanki T,Timonen K L,et al. Associations between $PM_{2.5}$ and heart rate variability are modified by particle composition and Beta-Blocker use in patients with coronary heart disease[J]. Environmental Health Perspectives,2009,117(1):105-111.

[57] 郝延慧.大气颗粒物与成人健康效应的固定群组追踪研究[D].上海:复旦大学,2013.

[58] Lindgren A,Stroh E,Montnémery P,et al. Traffic-related air pollution associated with prevalence of asthma and COPD/chronic bronchitis. A cross-sectional study in Southern Sweden[J]. International Journal of Health Geographics,2009,8(1):2.

[59] Iwai K,Mizuno S,Miyasaka Y,et al. Correlation between suspended particles in the environmental air and causes of disease among inhabitants:Cross-sectional studies using the vital statistics and air pollution data in Japan[J]. Environmental Research,2005,99(1):106-117.

[60] Brian W M,Ursula AL,Philippe L,et al. SAPALDIA:Methods and participation in the cross-sectional part of the Swiss Study on Air Pollution and Lung Diseases in Adults[J]. Sozial-und Präventivmedizin,1997,42(2):67-84.

[61] Nino K,Laura P,Stephanie K,et al. Investigating air Pollution and atherosclerosis in humans:Concepts and outlook[J]. Progress in Cardiovascular Diseases,2011,53(5):334-343.

[62] Dockery D W,PopeC A,Xu X,et al. An association between air pollution and mortality in six U. S. Cities[J]. New England Journal of Medicine,1993,329(24):1753-1759.

[63] Garfinkel L. Selection,follow-up,and analysis in the American Cancer Society prospective studies[J]. National Cancer Institute monograph,1985,67:49-52.

[64] Turner M C,Krewski D,Chen Y,et al. Radon and COPD mortality in the American Cancer Society Cohort[J]. The European respiratory journal,2012,39(5):1113-1119.

[65] Ole R N,Zorana J A,Rob B,et al. Air pollution and lung cancer incidence in 17 European cohorts:prospective analyses from the European Study of Cohorts for Air Pollution Effects(ESCAPE)[J]. The Lancet. Oncology,2013,14(9):813-822.

[66] Stafoggia M,Cesaroni G,Galassi C,et al. Long-term health effects of air pollution:Results of the European project ESCAPE[J]. Recenti Progressi in Medicina,2014,105(12):450-453.

[67] 钱碧云,李森晶,张增利,等.我国流行病学队列研究的现状与展望——2012年度预防医学学科发展战略研讨会综述[J].中国科学基金,2013,27(03):138-142,157.

[68] Li Y,Ma Z,Zheng C,et al. Ambient temperature enhancedacute cardiovascular-respiratory mortality effects of $PM_{2.5}$ in Beijing China[J]. Int J Biometeorol,2015,59(12):1761-1770.

[69] Li T,Yan M,Sun Q,et al. Mortality risks from a spectrum of causes associated with wide-ranging exposure to fine particulate matter:A case-crossover study in Beijing,China[J]. Environ Int,2018,111:52-59.

[70] Wu S,Deng F,Wei H,et al. Association of cardiopulmonary health effects with source-appointed ambient fine particulate in Beijing,China:A combined analysis from the healthy volunteer natural relocation(HVNR)study[J]. Environ Sci Technol,2014,48(6):3438-3448.

[71] Chen G,Song G,Jiang L,et al. Short-term effects of ambient gaseous pollutants and particulate matter on daily mortality in Shanghai,China[J]. J Occup Health,2008,50:41-47.

[72] Cao J,Li W,Tan J,et al. Association of ambient air pollution with hospital outpatient and

emergency roomvisits in Shanghai, China[J]. Sci Total Environ, 2009, 407: 5531-5536.

[73] Yang H, Yan C, Li M, et al. Short term effects of air pollutants on hospital admissions for respiratory diseases among children: A multi-city time-series study in China[J]. Int J Hyg Environ Health, 2021, 231, 113638: 1-8.

[74] Venners S A, Wang B, Xu Z, et al. Particulate matter, sulfur dioxide, and daily mortality in Chongqing, China[J]. Environ Health Perspect, 2003, 111: 562-567.

[75] Huang W, Cao J, Tao Y, et al. Seasonal variation of chemical species associated with short-term mortality effects of $PM_{2.5}$ in Xi'an, a central city in China[J]. Am J Epidemiol, 2012, 175:556-566.

[76] Qian Z, He Q, Lin H, et al. Association of daily cause-specific mortality with ambient particle air pollution in Wuhan, China[J]. Environ Res, 2007, 105:380-389.

[77] Qian Z, He Q, Lin H, et al. Short-term effects of gaseous pollutants on cause-specific mortality in Wuhan, China[J]. J Air Waste Manag Assoc, 2007, 57:785-793.

[78] Qin S S, Liu F, Wang C, et al. Spatial-temporal analysis and projection of extreme particulate matter (PM_{10} and $PM_{2.5}$) levels using association rules: A case study of the Jing-Jin-Ji region, China[J]. Atmos Environ, 2015, 120:339-350.

[79] Jahnet H J, Schneider A, Breitner S, et al. Particulate matter pollution in the megacities of the Pearl River Delta, China: A systematic literature review and health risk assessment[J]. Int J Hyg Environ Health, 2011, 214:281-295.

[80] Wu H, Tan A, Huang L, et al. Time-series analysis on association between atmospheric pollutants and daily mortality among residents in Zhuhai[J]. J Environ Health, 2017, 34 (9): 797-800.

[81] Lin H, Liu T, Xiao J, et al. Quantifying short-term and long-term health benefits of attaining ambient fine particulate pollution standards in Guangzhou[J]. China Atmos Environ, 2016, 137: 38-44.

[82] WHO Regional Office for Europe. Review of Evidence on Health Aspects of Air Pollution—REVIHAAP Project[R]. WHO Regional Office for Europe: Copenhagen, Denmark, 2013.

[83] Hagler G W, Bergin M H, Salmon L G, et al. Source areas and chemical composition of fine particulate matter in the Pearl River Delta region of China[J]. Atmos Environ, 2006, 40: 3802-3815.

[84] Cui H Y, Chen W H, Dai W, et al. Source apportionment of $PM_{2.5}$ in Guangzhou combining observation data analysis and chemical transport model simulation[J]. Atmos Environ, 2015, 116:262-271.

[85] Richter A, Burrows J P, Nuess H, et al. Increase in tropospheric nitrogen dioxide over China observed from space[J]. Nature, 2005, 437:129-132.

[86] Zhang Q, Streets D G, He K B, et al. NOx emission trends for China, 1995-2004: The view from the ground and the view from space[J]. J Geophys Res Atmos, 2007, 112:35-47.

[87] Zhang Z S, Tao J, Lu J Q, et al. Challenges for improving air quality in Guangdong-Hong Kong-Macao greater bay area and lessons from foreign bay areas[J]. Environmental Protection,

2019,47(23): 61-63.

[88] Liu H J,Zhang X,Zhang L W,et al. Changing trends in meteorological elements and reference evapotranspiration in a mega city: A case study in Shenzhen City,China[J]. Adv Meteorol, 2015,324502:1-11.

[89] Niu Y W,He L Y,Hu M,et al. Pollution characteristics of atmospheric fine particles and their secondary components in the atmosphere of Shenzhen in summer and in winter[J]. Sci China (Ser B Chem),2006,49:466-474.

[90] Chu H J,Huang B,Lin C Y. Modeling the spatio-temporal heterogeneity in the PM_{10}-$PM_{2.5}$ relationship[J]. Atmospheric Environment,2015,102:176-182.

[91] Zhou X H,Cao Z Y,Ma Y J,et al. Concentrations,correlations and chemical species of $PM_{2.5}$/PM_{10} based on published data in China:Potential implications for the revised particulate standard[J]. Chemosphere,2016,144:518-526.

[92] Tobler W A. A computer movie simulating urban growth in the Detroit region[J]. Econ Geogr, 1970,46:234-240.

[93] Moran PAP. The interpretation of statistical maps[J]. J R Stat Soc B,1948,37:243-251.

[94] Geary R C. The contiguity ratio and statistical mapping[J]. Inc Stat,1954,5:115-145.

[95] Anselin L. Local indicators of spatial association-LISA[J]. Geogr Anal,1995,27:93-115.

[96] Wang Z B,Fang C L. Spatial-temporal characteristics and determinants of $PM_{2.5}$ in the Bohai Rim Urban Agglomeration[J]. Chemosphere,2016,148:148-162.

[97] Hu J L,Wang Y G,Ying Q,et al. Spatial and temporal variability of $PM_{2.5}$ and PM_{10} over the North China Plain and the Yangtze River Delta,China[J]. Atmospheric Environment,2014, 95:598-609.

[98] Guo H,Jiang F,Cheng H R,et al. Concurrent observations of air pollutants at two sites in the Pearl River Delta and the implication of regional transport[J]. Atmos Chem Phys,2009,9: 7343-7360.

[99] Kendrick C M,Koonce P,George L A. Diurnal and seasonal variations of NO,NO_2 and $PM_{2.5}$ mass as afunction of traffic volumes alongside an urban arterial[J]. Atmos Environ,2015,122: 133-141.

[100] Shrestha S L. Time series modelling of respiratory hospital admissions and geometrically weighted distributed lag effects from ambient particulate air pollution within Kathmandu Valley,Nepal[J]. Environ Model Assess,2007,12:239-251.

[101] Armstrong B. Models for the relationship between ambient temperature and daily mortality [J]. Epidemiology,2006,17:624-631.

[102] Gasparrini A,Armstrong B,Kenward M G. Distributed lag non-linear models[J]. Stat Med, 2010,29:2224-2234.

[103] Gasparrini A. Modeling exposure-lag-response associations with distributed lag non-linear models[J]. Stat Med,2014,33:881-899.

[104] Yao L,Huang C,Jing W,et al. Quantitative assessment of relationship between population exposure to $PM_{2.5}$ and socio-economic factors at multiple spatial scales over mainland China

[J]. International Journal of Environmental Research and Public Health,2018,15(9):2058.

[105] Barnett A G,Williams G M,Schwartz J,et al. Air pollution and child respiratory health:A case-crossover study in Australia and New Zealand[J]. Am J Respir Crit Care Med,2005,171(11):1272-1278.

[106] Anderson H,Atkinson R,Peacock J,et al. Metaanalysis of time-series studies and panel studies of particulate matter(PM)and ozone(O$_3$)[R]. Geneva,Switzerland:World Health Organization,2004.

[107] Mehta S,Shin H,Burnett R,et al. Ambient particulate air pollution and acute lower respiratory infections:A systematic review and implications for estimating the global burden of disease[J]. Air Quality,Atmosphere & Health,2011,6(1):69-83.

[108] Williams B G,Gouws E,Boschi-Pinto C,et al. Estimates of world-wide distribution of child deaths from acute respiratory infections[J]. Lancet,2002,2:25-32.

[109] Burnett R T,Pope C A,Ezzati M,et al. An integrated risk function for estimating the global burden of disease attributable to ambient fine particulate matter exposure[J]. Environ Health Perspect,2014,122(4):397-403.

[110] Samoli E,Analitis A,Touloumi G,et al. Estimating the exposure-response relationships between particulate matter and mortality within the APHEA multicity project[J]. Environ Health Perspect,2005,113:88-95.

[111] Li N,Peng X,Zhang B. Relationship between air pollutant and daily hospital visits for respiratory diseases in Guangzhou:A time-series study[J]. J Environ Health,2009,26:1077-1080.

[112] Wang Y,Zhang Y,Li X. The effect of air pollution on hospital visits for respiratory symptoms in urban areas of Jinan,China[J]. Environ Sci,2008,28:571-576.

[113] Wong T W,Lau T,Yu T. Air pollution and hospital admissions for respiratory and cardiovascular diseases in Hong Kong[J]. Occup Environ Med,1999,56:679-683.

[114] Moolgavkar S H,Luebeck E G,Anderson E L. Air pollution and hospital admissions for respiratory causes in Minneapolis-St. Paul and Birmingham [J]. Epidemiology,1997,8:364-370.

[115] Schwartz J. Air pollution and hospital admissions for respiratory disease[J]. Epidemiology,1996,7:20-28.

[116] Wordley J,Walters S,Ayres J G. Short term variations in hospital admissions and mortality and particulate air pollution[J]. Occup Environ Med,1997,54:108-116.

[117] Sarnat J A,Brown K W,Schwartz J,et al. Ambient gas concentrations and personal particulate matter exposures:Implications for studying the health effects of particles[J]. Epidemiology,2005,16:385-395.